Middel/Müller-Steinborn

Selbst
Sanitär- und Heizungs-
anlagen reparieren

Compact Verlag

Ein Wort zuvor

Selbermachen – ein Hobby, das heute für Millionen zur sinnvollen Freizeitbeschäftigung geworden ist. Ob es sich nun um die Sanitär- oder Heizungsanlage handelt, mit etwas Geschick und einer fachmännischen Anleitung lassen sich verblüffende Ergebnisse erzielen: von kleineren Wartungsarbeiten bis hin zur meisterhaften Reparatur.

Und Selbermachen bringt Spaß, Freude an der eigenen Arbeit, deren Ergebnis man Tag für Tag sehen und »bewundern« kann; es spart Geld, mit dem sich langgehegte Wünsche erfüllen lassen, und es macht unabhängig von Handwerkern, auf die man womöglich wochenlang und schließlich vergeblich gewartet hat.

Fachgeschäfte, Heimwerker- und Baumärkte versorgen den Hobbyhandwerker mit allen Werkzeugen und Materialien, die er braucht. Doch richtiges Werkzeug und Begeisterung allein reichen nicht aus. Unerläßlich sind eine gründliche Vorbereitung und Fachkenntnisse, wie eine Arbeit durchzuführen und was dabei zu beachten ist.

COMPACT-PRAXIS **Selbst Sanitär- und Heizungsanlagen reparieren** zeigt, wie man's macht. Mit wertvollen Tips und Tricks, die sich in der Praxis tausendfach bewährt haben. Jeder Arbeitsgang wird ausführlich Schritt für Schritt gezeigt und in Bild und Text erläutert. Übersichtliche Symbole zeigen auf einen Blick, mit welchem Schwierigkeitsgrad, welchem Kraft- und Zeitaufwand Sie bei jedem Arbeitsgang rechnen müssen, welche Werkzeuge Sie brauchen und wieviel Geld Sie durch Ihre eigene Arbeit einsparen können.

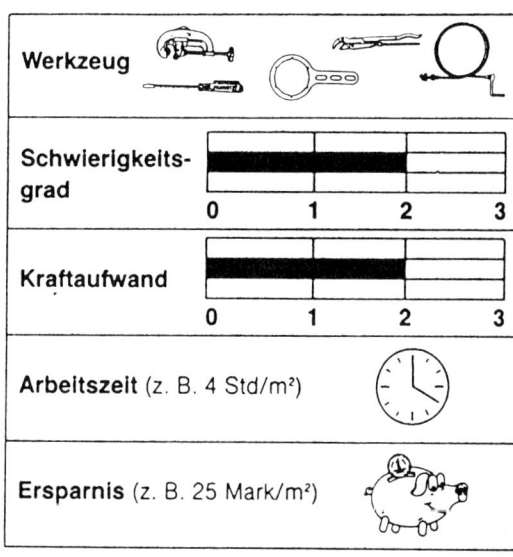

Und so stufen Sie sich richtig ein:

Schwierigkeitsgrad 1 – Arbeiten, die auch der Ungeübte ausführen kann. Es ist nur geringes handwerkliches Geschick erforderlich.

Schwierigkeitsgrad 2 – Arbeiten, die einige Übung im Umgang mit Werkzeug und Material erfordern. Es ist handwerklich durchschnittliches Geschick notwendig.

Schwierigkeitsgrad 3 – Arbeiten, die fachmännische Übung erfordern. Überdurchschnittliches Geschick ist erforderlich.

Kraftaufwand 1 – leichte Arbeit, die jeder bequem erledigen kann.

Kraftaufwand 2 – Arbeiten, die eine gewisse körperliche Kraft voraussetzen.

Kraftaufwand 3 – Arbeiten für kräftige Heimwerker, die keine »Knochenarbeit« scheuen.

Inhaltsverzeichnis

Inhalt

Grundkurse

Arbeitsanleitungen

Sauberes Perlsieb

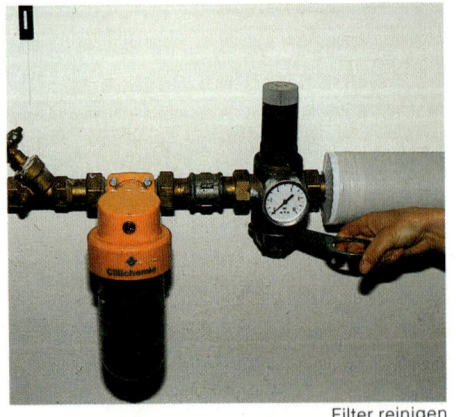

Heizkörper entlüften

Allgemeines zu Wartung und Reparatur

Genau wie Ihr Auto, so sollten Sie auch Ihre Sanitär- und Heizungsanlage regelmäßig warten. Dies fängt an beim Perlsieb Ihres Wasserhahns, dem Filter in Ihrer Wasserleitung nach dem Zähler und geht bis hin zur regelmäßigen Reinigung des Brenners und Kessels Ihrer Heizung. Ein tropfender Wasserhahn oder eine nicht abschaltende Spülung fallen sofort auf und werden bei Bedarf gerichtet. Aber was ist mit den anderen Bauteilen im Wasser- und Heizungskreislauf eines Hauses? Sind die Absperrhähne noch funktionsfähig, wenn es einmal nötig ist? Ist der Ölfilter Ihrer Zentralheizung noch so sauber, daß er während der nächsten Heizperiode für einwandfreie Ölzufuhr sorgt?

Sicher gibt es Teile in Ihrer Sanitär- und Heizungsanlage, die sinnvollerweise erst dann repariert werden, wenn ein Fehler auftritt. Dazu gehören der tropfende Wasserhahn, der verstopfte Abfluß oder der plätschernde Heizkörper, der entlüftet werden muß. Durch regelmäßige Wartung aller anderen Bauteile ersparen Sie sich jedoch teure Reparaturen und unliebsame Überraschungen. Wenn Sie zum Beispiel den Wasserfilter am Hauptanschluß erst nach Jahren und erst dann wechseln oder reinigen wollen, wenn nicht mehr genügend Wasser durchgelassen wird, werden Sie höchstwahrscheinlich die größte Mühe haben, das Filterglas überhaupt abschrauben zu können, ohne es zu zerstören. Und dann ist kein neuer Filter und kein Ersatzglas zur Hand.

Deshalb noch ein Hinweis: Alle Teile, die regelmäßig ausgewechselt werden müssen, sollten Sie im Haus vorrätig haben und nach Gebrauch sofort neu beschaffen. Dann sind Sie auch sicher, daß die Teile passen.

Filter reinigen

Bereiche der Sanitär- und Heizungsanlage

Ohne Systematik geht es nicht. Deshalb wollen wir den Weg des Wassers vom Eintritt in das Haus am Hauptanschluß bis zurück zum Kanalanschluß verfolgen und die Funktion der wichtigsten Bauteile in diesem »Kreislauf« kurz beschreiben. Ausführlicher werden sie dann in den einzelnen Kapiteln der Materialkunde erläutert. Wir gehen hierbei von einem normalen Einfamilienhaus aus. Wenn Sie eine Etagenwohnung bewohnen, werden Sie allerdings mit dem einen oder anderen Teil nicht in Berührung kommen.

Brauchwasser

Direkt nach dem Eintritt der Wasserleitung in das Haus (üblicherweise im Keller) befindet sich ein Absperrhahn. Dieser hat kein Ablaßventil zum Entleeren der Hausleitungen, damit vor der Wasseruhr kein Wasser abgezapft werden kann. Danach kommt die Wasseruhr. Sie ist verplombt, denn Sie selbst dürfen keine Arbeiten daran vornehmen. Es folgt ein weiterer Absperrhahn, diesmal mit Ablaßventil. Je nach Ausstattung Ihrer Brauchwasserinstallation folgt nun ein Druckminderer mit Vorfilter, der für einen gleichmäßigen Wasserdruck innerhalb des Hauses sorgt und Schäden durch Überdruck im Versorgungsnetz vermeiden soll. Dann folgt ein Feinfilter mit Schauglas, durch das Sie den Verschmutzungsgrad erkennen können, um die Filterpatrone bei Bedarf auswechseln zu können. Vielleicht haben Sie an dieser Stelle noch eine Wasserenthärtungsanlage zwischengeschaltet.

Am Ende dieser Baugruppen befindet sich wiederum ein Absperrhahn mit Auslaßventil. Somit können Wartungs- und Reparaturarbeiten vorgenommen werden, ohne die Leitungen des ganzen Hauses entleeren zu müssen.

Absperrhahn und Wasseruhr

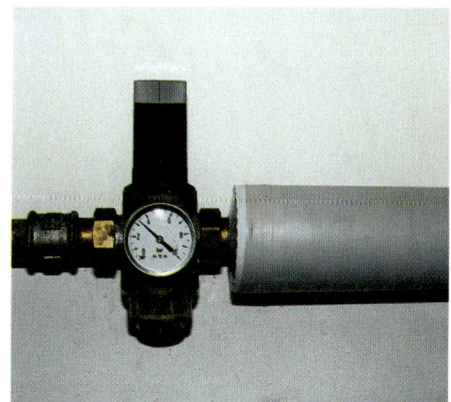

Druckminderer mit Grobfilter

Absperrhahn mit Auslaßventil

Fachkunde

Salzlösungs-Dosiergerät

Rückflußverhinderer

Überdruckventil

Von hier aus verzweigt sich die Leitung und führt zu den einzelnen Wandanschlußstellen für Waschbecken, Toilette, Dusche oder Badewanne, Spül- und Waschmaschine usw. Ein Strang führt direkt zum Warmwasserbereiter. Dieser ist meist integriert in die Zentralheizungsanlage, gelegentlich ist er auch in einem separaten Speicher eingebaut.

Vor dem Warmwasserbereiter befindet sich häufig noch ein Salzlösungs-Dosiergerät, um das Wasser zu enthärten. Vor und hinter diesem Gerät befindet sich dann wieder ein Absperrhahn, um Wartungsarbeiten leicht möglich zu machen.

Wasserenthärtungsanlagen in privaten Haushalten sind zur Zeit noch sehr umstritten. Zum einen werden verschiedene Systeme angeboten, deren Wirksamkeit vom Laien nur schwer beurteilt werden kann; zum anderen wird bei Geräten, die zur Enthärtung Salze verwenden, die gesundheitliche Unschädlichkeit in Frage gestellt. Ein Wasserenthärter nur in der Zuleitung zum Warmwasserkreislauf ist hier eine Art Kompromiß, denn warmes Wasser aus der Leitung wird kaum zum Trinken oder Kochen verwendet und die Warmwasseranlage, die am meisten unter Kalkablagerungen zu leiden hat, wird geschützt.

In der Zuleitung zum Warmwasserbereiter befindet sich dann noch ein Rückflußverhinderer, der das Wasser nur in eine Richtung durchfließen läßt. Wenn Wasser erwärmt wird, dehnt es sich aus und würde in das Rohrleitungssystem zurückgedrückt, was für die vorher befindlichen Bauteile im Leitungsnetz nicht erwünscht ist. Der bei Erwärmung im Warmwasserspeicher entstehende Überdruck wird durch ein Überdruckventil abgeleitet. Dieses Ventil befindet sich auch noch vor dem Eintritt des kalten Wassers in den Warmwasserbereiter. Das austretende Wasser wird in die Abwasserleitung geleitet.

Armaturen

Wasserhähne an Waschbecken, Zuleitungen zu Spülkästen und Bidet werden mit biegsamen, verchromten Kupferrohren an den Eckventilen, die direkt an den in der Wand befindlichen Wasseranschluß geschraubt sind, angeschlossen. Sie können Arbeiten an diesen Armaturen bequem vornehmen, ohne die gesamte Wasserleitung zu entleeren, wenn Sie die Eckventile schließen. Badewannen- und Duscharmaturen sowie Druckspüler werden direkt in den Wandanschluß eingeschraubt; ebenso separate Wasserhähne in Waschräumen, Außenanschlüsse für den Garten und Anschlüsse für Wasch- und Spülmaschinen. Letztere werden häufig zwischen Wandanschluß und Eckventil unter einem Waschbecken oder einer Spüle angebracht. Wollen Sie bei diesen direkt angeschraubten Armaturen z. B. eine Dichtung auswechseln, müssen Sie vorher die gesamte Wasserzufuhr absperren. Danach drehen Sie den höchstgelegenen Wasserhahn auf und lassen dann am tiefsten Punkt der Wasserleitung, am Ablaßventil, das Wasser in das Rohrleitungsnetz ab. Trotzdem müssen Sie noch Eimer und Wischlappen bereithalten, denn je nach Verlauf der Leitungen kann sich noch Restwasser darin befinden.

Getrennte Wasserhähne mit jeweils separaten Ausläufen für Warm- und Kaltwasser werden immer seltener. Die Mischbatterie mit zwei Hähnen und einem Auslauf oder Einhandmischer sind die Regel. Auch werden besonders für Duschen thermostatisch geregelte Einhandmischer angeboten. Sie stellen nur die gewünschte Temperatur ein; die Mischbatterie regelt dann die Menge von Warm- und Kaltwasser selbst.

Sollten Sie nicht über eine zentrale Warmwasserversorgung verfügen, haben Sie vielleicht unter Ihrem Waschbecken einen kleinen elektrischen Warmwasserboiler. Die Armatur hat dann einen Hahn für die Wassermenge und einen für die Wassertemperatur. Wundern Sie sich nicht, wenn der Wasserhahn beim Aufheizen des Boilers (Kontrollampe leuchtet) tropft. Bei diesen Klein-Boilern handelt es sich um »offene Systeme«. Das Wasser dehnt sich bei Erwärmung aus und wird über den Wasserhahn abgeleitet.

Abwasser

Jeder Ablauf, ob am Waschbecken, an der Badewanne, an der Toilette oder am Bodengully, ist mit einem Geruchverschluß versehen. Unter dem Waschbecken

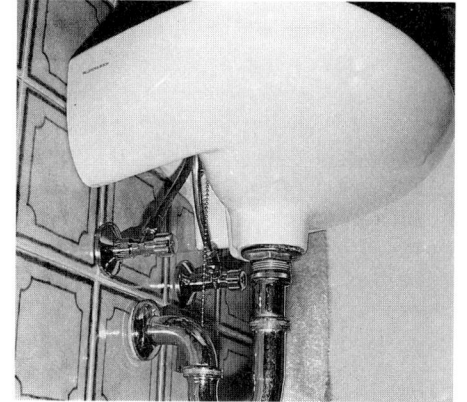
Anschluß am Eckventil

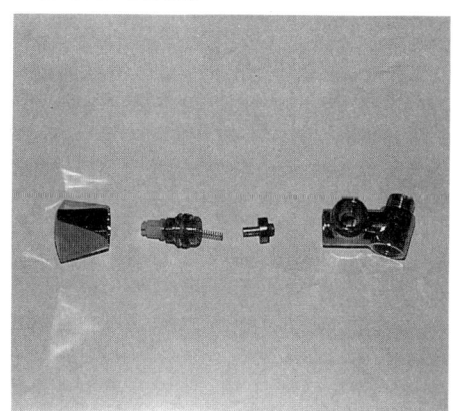
Geräte-Anschlußventil

Zweigriff-Mischbatterie

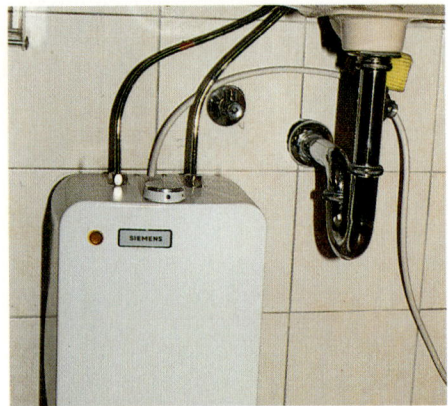

Warmwasserboiler

Röhrensiphon

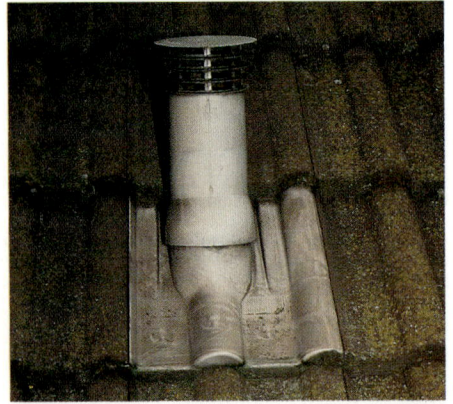

Entlüftungsrohr über dem Dach

ist dies leicht zu erkennen: In einem U-förmigen oder einem Flaschensiphon bleibt immer so viel Wasser stehen, daß die Luft aus dem Abwasser- und Kanalsystem nicht austreten kann, und damit eine Geruchsbelästigung verhindert wird. Auch bei der Toilette ist dies leicht zu erkennen. In diesen Geruchverschlüssen lagert sich gerne Schmutz ab, was dann zur Verstopfung des Ablaufs führt. Bodenabläufe sind häufig mit einem Auffangkorb für groben Schmutz ausgestattet, der regelmäßig gereinigt werden muß.

Es versteht sich von selbst, daß Abflußleitungen mit Gefälle verlegt sind, da das Abwasser ja nicht unter Druck steht. Um zu vermeiden, daß durch die Sogwirkung beim Ablassen von Wasser der Geruchverschluß leergesaugt wird, hat das Abwassersystem eine eigene Entlüftung: Ein mit den Abwasserrohren verbundenes Entlüftungsrohr führt bis über das Dach hinaus und unterbricht durch Luftzuführung die Sogwirkung des ablaufenden Wassers. Abwasserrohre sind an den für Verstopfung kritischen Stellen mit Revisionsklappen versehen. Diese befinden sich meist im Keller, wo die Rohre nicht mehr in der Wand, sondern frei zugänglich verlegt sind. Bei Verstopfungen im Abwassersystem (nicht in den Geruchverschlüssen) kann durch diese Revisionsöffnungen eine Spirale eingeführt und die Verstopfung beseitigt werden.

Zentralheizung

Bei der Vielfalt von Heizungssystemen und deren Kombinationsmöglichkeit wollen wir uns hier auf die Beschreibung der wesentlichen Prinzipien beschränken.

Im Heizkessel wird Wasser mittels Öl-, Gasbrenner oder festen Brennstoffen erhitzt. Dieses warme Wasser wird durch ein Rohrleitungssystem in die Heizkörper der einzelnen Räume transportiert. Dort gibt es die Wärme an die Raumluft ab. Das abgekühlte Wasser fließt zurück und wird im Heizkessel erneut erhitzt. Somit wird die im Brennraum erzeugte Wärme kontinuierlich in die einzelnen Räume transportiert. Alte Heizungssysteme arbeiteten nach dem Prinzip der Schwerkraft: Warmes Wasser ist leichter als kaltes. Es steigt in einem geschlossenen Kreislauf nach oben, während das schwerere abgekühlte Wasser nach unten strebt. Der Heizkessel mußte dadurch unbedingt an der niedrigsten Stelle des Systems stehen, und die Rohrquerschnitte mußten sehr groß sein. Dementsprechend wurde eine riesige Menge Wasser erst einmal erwärmt, bevor die Wärme dort hingelangen konnte, wo sie gebraucht wurde. Außerdem war eine raumtemperaturabhängige Steuerung durch Heizkörperthermostate wegen des geringen Durchflußquerschnitts nicht möglich.

Neue Systeme befördern das Heizungswasser mittels einer Pumpe durch dünnere Rohre schneller und kontrollierter an die Stellen, an denen es gebraucht wird. Auch an die vom Heizkessel weiter entfernten und ebenso an jene Stellen, die niedriger liegen als der Heizkessel selbst.

Bei den Heizkesseln werden wiederum zwei Systeme unterschieden. Erstens: der Heizkessel, der immer auf einer Temperatur von über 80 Grad gehalten wird. Hier wird die erforderliche Heizkörpertemperatur durch einen Vierwegmischer geregelt. Das zurücklaufende Wasser wird mit dem heißen Kesselwasser je nach Bedarf gemischt und wieder zum Heizkörper gefördert. Dieser Mischer kann per Hand oder thermostatisch über einen Außentemperaturfühler gesteuert werden. Der Nachteil dieses Systems liegt darin, daß der Heizkessel auch in der Übergangszeit und bei Kombination mit der Warmwasserbereitung auch im Sommer stets auf einer sehr hohen Temperatur gehalten werden muß und die Verluste durch Wärmeabstrahlung entsprechend hoch sind.

Zweitens: der sogenannte Niedertemperaturkessel, der durch die Entwicklung neuartiger Brennraumbeschichtungen konstruiert wurde. Die Kesseltemperatur ist immer nur so hoch, wie es dem Wärmebedarf in Abhängigkeit von der Außentemperatur entspricht. Der Vierwegmischer entfällt. Dafür ist eine druckabhängige Verbindung zwischen Vor- und Rücklauf eingebaut, die die Umwälzpumpe vor Überlastung bei geschlossenen (Thermostat)-Heizkörperventilen schützen soll. Die Kesseltemperatur wird hier über ei-

Reinigungsdeckel

Umwälzpumpe

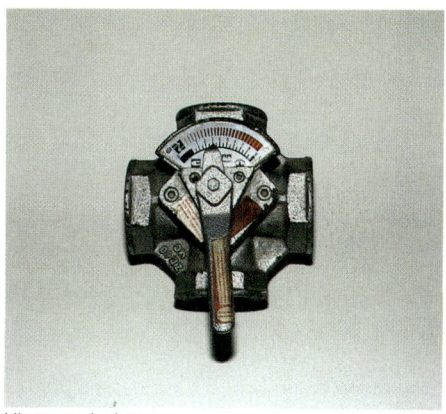

Vierwegmischer

Druckabhängiger By-Paß

Ausgleichsbehälter

Manometer

nen Außentemperaturfühler gesteuert, die individuelle Raumtemperatur dagegen über einen Thermostaten.

Zentralheizungsanlagen haben einen Ausgleichsbehälter, in den das Wasser bei Erwärmung und somit Ausdehnung einströmt und bei Erkaltung wieder in das System zurückfließen kann. Denn der Heizungskreislauf ist ein in sich abgeschlossenes System und nicht direkt mit der Wasserversorgung verbunden. Es gibt offene und geschlossene Systeme.

Beim **offenen System** befindet sich ein Ausgleichsbehälter an der höchsten Stelle des Systems. Er ist so bemessen, daß er die Ausdehnung des Wassers bei maximaler Erwärmung voll auffangen kann. Ein Überlauf sorgt dafür, daß beim Auf- oder Nachfüllen das zu viel eingebrachte Wasser abfließen kann.

Bei **geschlossenen Systemen** befindet sich der Ausgleichsbehälter meist in der Nähe des Heizkessels. Er ist, wie der Name schon sagt, geschlossen und hat keinen Überlauf. Vielmehr ist er mit Luft gefüllt, und das Wasser drückt bei Ausdehnung durch Erwärmung von unten in den Behälter und preßt die darin befindliche Luft zusammen. Ein durch übermäßiges Auffüllen oder durch Überhitzung entstehender Überdruck, der das System zum Platzen bringen würde, wird durch ein Überdruckventil verhindert.

Bei beiden Systemen zeigt Ihnen ein Manometer, auf dem der zulässige Betriebsdruckbereich markiert ist, ob Sie die Heizungsanlage nachfüllen müssen. Dies geschieht mittels eines Schlauchs, der an den dafür vorgesehenen Stutzen am Heizkessel und an den nächstgelegenen Wasserhahn angeschlossen wird. Ältere Anlagen haben noch eine direkte Rohrverbindung der Wasserversorgung mit dem Heizungskreislauf, die aber mit zwei Absperrhähnen abgesichert sein muß, um die laufende Auffüllung des Systems durch einen undichten Hahn zu vermeiden.

Bei gasgefeuerten Zentralheizungen, insbesondere bei Gasetagenheizungen, wird häufig das Prinzip des Durchlauferhitzers zur Erwärmung des Heizungskreislaufs angewandt. An Stelle eines Kessels wird hier nur eine Heizschleife direkt von der Gasflamme erhitzt.

Gesteuert werden diese Anlagen durch einen Raumthermostaten, der bei Bedarf Flamme und Umwälzpumpe gleichzeitig einschaltet. Diese Systeme können sehr schnell die Wärme an die entsprechenden Räume abgeben, da sich nur sehr geringe Wassermengen im Heizungskreislauf befinden.

Warmwasserkreislauf

Es gibt mehrere Möglichkeiten, warmes Wasser für eine zentrale Versorgung zu bereiten. Die häufigste Art ist die Aufheizung mit der Zentralheizung.

Das heiße Wasser des Heizkessels (oder auch des Durchlauferhitzers bei Gasanlagen) wird zur Warmwasserbereitung durch einen Wärmetauscher im Inneren des Warmwasserspeichers geführt. Über diese Rohrschleife oder Spirale wird die Wärme an das Brauchwasser abgegeben, ohne daß das verschmutzte Wasser aus dem Heizungskreislauf mit dem Brauchwasser in Berührung kommt. Die Heizkesseltemperatur muß selbstverständlich höher sein als die gewünschte Brauchwassertemperatur. Nach Erreichen der eingestellten Brauchwassertemperatur wird wieder auf den Heizungskreislauf umgeschaltet.

Moderne Warmwasserversorgungen haben nicht nur eine direkte Rohrleitung vom Speicher zum Wasserhahn, sondern eine Ringleitung, also einen Kreislauf, der mit einer Umwälzpumpe in Gang gehalten wird. Beim Aufdrehen des Warmwasserhahns fließt also fast sofort warmes Wasser aus der Leitung.

Bei Systemen ohne Kreislauf muß immer erst das abgekühlte Wasser aus der Leitung vom Speicher bis zum Hahn abgelassen werden, bevor das erwünschte warme Wasser zur Verfügung steht.

Selbstverständlich kostet der Komfort einer Ringleitung auch Energie. Durch ausreichende Isolierung der Rohre kann diese aber in Grenzen gehalten werden. Außerdem brauchen Sie nicht unnütz Wasser abfließen zu lassen. Weiterhin kann die Umwälzpumpe für den Warmwasserkreislauf über eine Schaltuhr gesteuert werden, so daß Warmwasser nur zu den Zeiten ohne Verzögerung dann bereitgehalten wird, wenn Sie es brauchen und wünschen.

Warmwasserboiler mit Wärmepumpe

Zirkulationspumpe für Warmwasser

13

Absperrventil

Außentemperaturfühler

Dichtungen

Die wichtigsten Fachbegriffe von A bis Z

Absperrventil

Allgemein Absperrhahn genannt, dient dazu, den Wasserzufluß innerhalb des Rohrnetzes zu unterbrechen, besonders vor und hinter → Rohrarmaturen, die regelmäßig gewartet werden müssen. Häufig sind diese Ventile mit → Rückflußverhinderer kombiniert.

Abwasser

Durch Gebrauch verunreinigtes Wasser, welches über Ablaufstellen in die Kanalisation eingeleitet wird.

Auslaufventil

Allgemein Wasserhahn genannt, dient zur Entnahme von Brauchwasser. Auslaufventile, an die ein Gartenschlauch, eine Wasch- oder Spülmaschine oder andere Einrichtungen, die kein Trinkwasser enthalten, angeschlossen werden, müssen mit einem → Rücklaufverhinderer ausgestattet sein. Beim Schlauchanschluß ist auch ein → Rohrbelüfter zu empfehlen.

Außentemperaturfühler

Er regelt mit der dazugehörigen Elektronik den Wärmebedarf eines Hauses, und zwar in Abhängigkeit zur Außentemperatur. Bei modernen → Niedertemperaturheizkesseln wird damit direkt die Kesseltemperatur eingestellt, bei Anlagen mit motorischem → Vierwegmischer wird dieser zur Regelung der → Vorlauftemperatur angesteuert.

Brauchwasser

Das von den Wasserversorgungsunternehmen gelieferte Wasser hat Trinkwasserqualität. Bei hoher → Wasserhärte kann die Installation von → Dosiereinrichtungen oder Anlagen zur → Wasserenthärtung empfehlenswert sein.

Dichtungen

Wir finden sie bei allen Verschraubungen im Sanitär-

und Heizungsbereich, bei Absperr- und Ablaßventilen, ebenso bei Steckverbindungen im Abwasserbereich.

Dosiereinrichtung

Dosiereinrichtungen setzen dem Wasser Chemikalien zu, die Korrosion und Verkalkung verhindern sollen. Dosierung und Zusammensetzung der Chemikalien hängt von der Härte und dem pH-Wert des Wasser ab. Sie werden hauptsächlich im Warmwasserkreislauf und im Zulauf für Wasch- und Spülmaschinen installiert. Die Angaben des Herstellers von Gerät und Chemikalien sind genau zu beachten.

Druck

Brauchwasser wird von den Wasserversorgungsunternehmen meist mit einem höheren Druck am Hausanschluß bereitgestellt als für den Betrieb der Sanitäranlage erforderlich ist. Ein → Druckminderer nach der Wasseruhr regelt den Druck auf das erforderliche Maß und gleicht damit auch Druckschwankungen im Versorgungsnetz aus. Auch die Heizungsanlage braucht zum einwandfreien Betrieb einen entsprechenden Wasserdruck. Er hängt von der Höhe der Anlage ab, der Differenz vom niedrigsten Punkt bis zum höchsten. Der erforderliche Betriebsdruck ist auf dem → Manometer meist grün gekennzeichnet.

Druckminderer

Er reduziert den Druck von Flüssigkeiten und Gasen. auf den erforderlichen Betriebsdruck der angeschlossenen Anlagen.

Druckspüler

Wasserspüleinrichtungen für Toiletten, die keinen separaten → Spülkasten besitzen. Bei diesen Anlagen ist ein Leitungsdruck von 1,5 bis 6 bar erforderlich.

Durchlaufsystem

In einem Durchlaufsystem wird das Wasser für Heizung oder Warmwasserversorgung nicht in einem Kessel erhitzt, sondern indem es durch die Heizschleife läuft. Wird häufig bei Gasfeuerung angewandt.

Eckventil

Absperrventil am Rohrstutzen in der Wand. An ihm werden die Kupferleitungen von Armaturen mittels Quetschdichtung angeschlossen.

Dosiereinrichtung

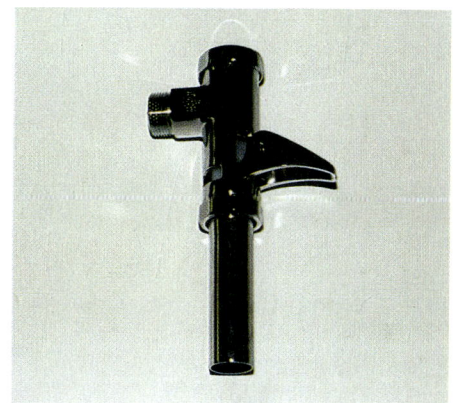

Druckspüler

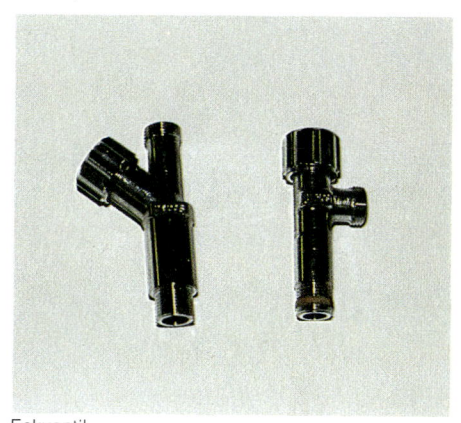

Eckventil

Einhand-Mischbatterie

Filter

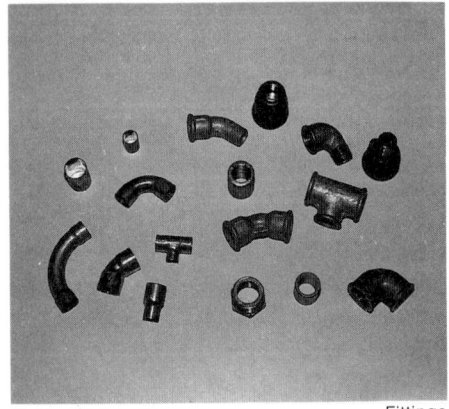

Fittings

Einhandmischer

Mischbatterie, bei der Wassermenge und Temperatur mit einem Hebel, sozusagen mit einer Hand, eingestellt werden können.

Einspritzdüse

Durch sie wird das Heizöl unter hohem Druck in den Brennraum des Heizkessels gespritzt und zerstäubt. Nur durch eine saubere Düse ist eine einwandfreie Verbrennung gewährleistet.

Filter (Wasser-, Öl-)

Filter in der Wasser- und Ölleitung zum Brenner halten feine Schmutzteilchen zurück. Sie müssen regelmäßig gereinigt oder ausgetauscht werden.

Fittings

Damit sind Winkel, T-, Reduzierstücke usw. für die Verbindung verschiedener Rohre gemeint. Sie sind mit Gewinde für die Verschraubung von Stahl-, ohne für die Verlötung von Kupferrohren erhältlich.

Fotozelle

Ein wichtiges Bauteil im Ölbrenner. Geht die Flamme aus oder zündet der Brenner nicht, schaltet die Fotozelle nach kurzer Zeit den Brenner aus. Häufige Störungsursache bei Ölbrennern sind verrußte Fotozellen.

Geruchverschluß

Jede Ablaufstelle für → Abwasser ist mit einem Geruchverschluß versehen. Es bleibt hier in einer Schleife oder ähnlichen Konstruktionen so viel Wasser stehen, daß die Abwasserleitung luftdicht gegenüber dem Raum abgeschlossen ist.

Gewinde

Auf Stahlrohre werden mit einer Schneidkluppe Außengewinde gedreht. Sie werden mit Hanf oder Dichtungsband umwickelt und in → Fittings eingedreht.

Hebeanlagen

Liegen Ablaufstellen für Abwasser unterhalb des Niveaus des Kanalanschlusses, wird das Wasser aus diesen Abläufen in einem Behälter oder Schacht gesammelt und bei Bedarf hochgepumpt und der Kanalisation zugeführt.

Heizölvorwärmung

Viele Ölbrenner besitzen eine Heizölvorwärmung. Dadurch wird sichergestellt, daß das Öl, unabhängig von der Temperatur im Tank, immer mit gleicher Viskosität der → Einspritzdüse zugeführt wird.

Ionentauscher

Ein Wasserenthärter, bei dem Kalzium- und Magnesiumionen gegen Natriumionen ausgetauscht werden. Der Austausch erfolgt beim Durchfließen eines Kunststoffharzes, welches mit Kochsalz (Natriumchlorid) regeneriert werden muß. Die Regenerierung erfolgt bei den meisten Geräten automatisch nach einer vorgegebenen Zeit oder Durchflußmenge.

Isolierung

Die Isolierung der Rohre dient erstens: als Wärmedämmung; zweitens: zur Vermeidung von → Korrosion durch Schwitzwasser bei Kaltwasserleitungen; drittens: zur Verminderung von Schallübertragung. Weiterhin gibt eine ausreichende Isolierung den Rohren, die in der Wand verlegt sind, genügend Spielraum für die Längenausdehnung bei Wärme.

Konvektion

Luft wird an einer Wärmequelle (Heizkörper) erwärmt und steigt nach oben. Gleichzeitig strömt noch nicht erwärmte Luft nach. Es entsteht innerhalb des Raums ein Kreislauf, der den gesamten Raum erwärmt. Im Gegensatz dazu steht die Strahlungswärme, die geradlinig von einer Wärmequelle (offener Kamin, Heizstrahler) abstrahlt und die Gegenstände erwärmt, auf die die Strahlung auftrifft.

Korrosion

Zersetzung von Metallen durch chemische und elektrochemische Vorgänge. Rost ist das uns bekannteste Ergebnis. In Wasserleitungen wird die Korrosion durch Kalkablagerungen verhindert. Übermäßige Kalkablagerungen jedoch sind wiederum unerwünscht.

Löten

Kupferrohre für Heizung und Brauchwasser werden mit → Fittings zusammengesteckt und verlötet. Beim Weichlöten liegen die Temperaturen unter 450 Grad.

Lüftungsleitung

Dies ist die Verlängerung der Schmutzwasserfalleitung über das Dach hinaus. Sie verhindert, daß beim Ablas-

Hebeanlage

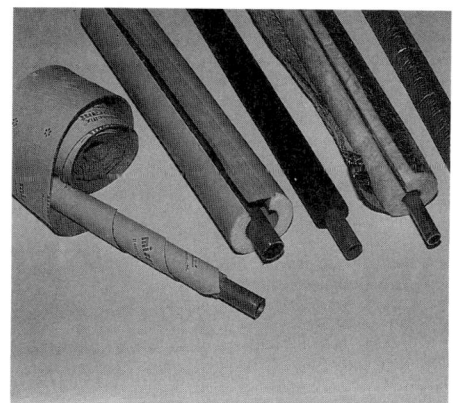
Isolierungen

Löten

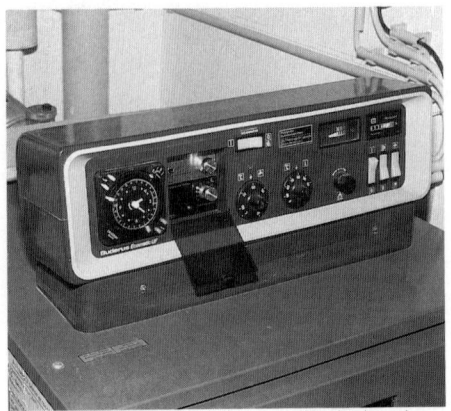
Nachtabsenkung

Ölsperre

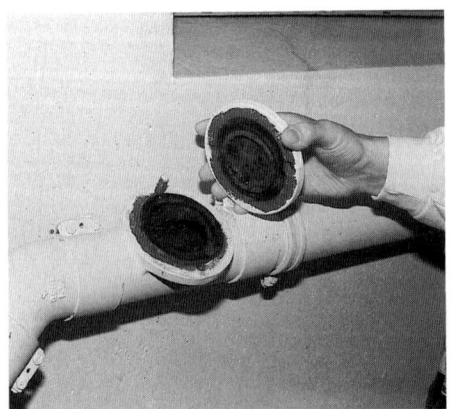
Reinigungsöffnung

sen von Schmutzwasser in der Abwasserleitung ein Sog entsteht, der die → Geruchverschlüsse leersaugen könnte.

Manometer

Ein Druckanzeiger für Flüssigkeiten und Gase. An der Heizung zeigt er Ihnen an, ob Sie Ihren Heizungskreislauf nachfüllen müssen.

Mischbatterie

Armaturen an Waschbecken, Badewannen usw. mit nur einem Auslauf. Warmes und kaltes Wasser werden vor dem Auslauf bereits »gemischt«.

Nachtabsenkung

Elektronische Schaltung, die die Heizleistung und damit die Raumtemperatur während der Nacht niedriger hält als am Tage. Die gewünschten Zeitintervalle und die Temperatur werden an der Steuerung für den Heizkessel eingestellt.

Niedertemperaturkessel

Heizkessel, die das Wasser für den Heizungskreislauf nur auf die erforderliche → Vorlauftemperatur heizen.

Ölabscheider

Eine eingebaute Anlage bei Wasserablaufstellen (Gully), die eventuell mitabfließendes Öl vom Wasser trennen. Das Öl kann dann gesondert abgeschöpft und entsorgt werden.

Ölsperre

Im Gegensatz zum → Ölabscheider schließt die Ölsperre den Ablauf ab, wenn Öl einläuft. Vorgeschrieben bei Abläufen in Heizräumen mit Ölfeuerung!

Quetschverschraubung

Anschluß der biegsamen Kupferleitungen von Armaturen am → Eckventil. Eine Überwurfmutter quetscht hier beim Anziehen eine Gummidichtung zusammen und dichtet die Anschlußstelle ab.

Reinigungsöffnung

Verschraubte Deckel oder Klappen in der Abwasserleitung, durch die bei einer eventuellen Verstopfung Reinigungsgeräte eingeführt werden können.

Revisionsklappe

Bei eingemauerten und verfliesten Badewannen bzw. Duschbecken sind einige Fliesen auf einem Rahmen befestigt, der abgenommen werden kann, damit die Ablaufarmaturen für Reparaturen zugänglich sind.

Rohrarmaturen

Das sind alle Armaturen innerhalb eines Leitungsnetzes (Wasseruhr, Absperrventile, Druckminderer usw.).

Rohrbe- und -entlüfter

Sie sind am obersten Punkt einer Wasserinstallation angebracht und lassen Luft in die Leitung einströmen, falls ein Unterdruck entsteht. Dies kann der Fall sein, wenn das Wasser am Ablaßventil im Keller abgelassen wird. Beim Wiederauffüllen entweicht zuerst die Luft, bevor der Schwimmer wieder schließt.

Rohrbelüfter mit Schlauchanschluß

→ Auslaßventile mit → Rückflußverhinderer haben ebenfalls einen Rohrbelüfter. Sie unterbrechen beim Abdrehen oder beim Schließen des Rückflußverhinderers die Wassersäule und verhindern damit einen Unterdruck im Schlauch.

Rückflußverhinderer

Sie lassen Wasser nur in eine Richtung durchfließen. Bei Druckabfall vor dem Rückflußverhinderer kann das Wasser nicht zurückfließen. Häufig ist er im Absperr- oder Auslaßventil integriert. Bei Auslaßventilen für den Anschluß von Wasch- und Spülmaschinen sowie im Außenbereich für den Anschluß von Gartenschläuchen sind Rückflußverhinderer inzwischen vorgeschrieben.

Siphon → Geruchverschluß

Speichersystem

Im Gegensatz zu → Durchlaufsystemen wird beim Speichersystem warmes Wasser auf Vorrat in ausreichender Menge in einem Boiler bereitet. Dieser Boiler muß gut isoliert sein, damit die Wärmeverluste in Grenzen gehalten werden.

Spülkasten

Ein Wasserbehälter für die Toilettenspülung. Im Gegensatz zum → Druckspüler ist der Spülkasten unabhängig vom Leitungsdruck; er erzeugt deshalb immer die gleiche Spülwirkung.

Steigleitung

In mehrstöckigen Häusern werden die Wasserleitungen, die senkrecht von einem Stockwerk zum anderen

Rohrbe- und -entlüfter

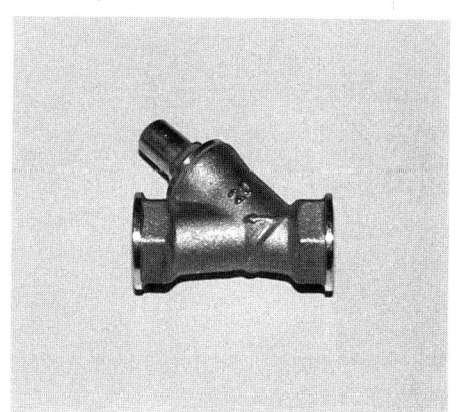

Rückflußminderer

Spülkasten

Thermostat

Umwälzpumpe

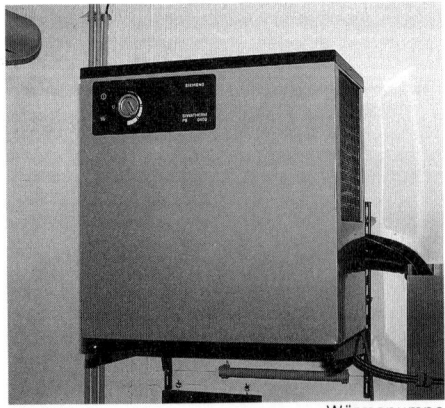

Wärmepumpe

führen, als Steigleitungen bezeichnet. Von ihnen aus verzweigen sich die Versorgungsleitungen zu den einzelnen Etagen.

Thermostat

Temperaturregler als Raum- oder Heizkörperthermostat. Weiterhin wird die Brauchwasser-, Kessel- und Vorlauftemperatur thermostatisch geregelt. Bei modernen Anlagen werden die Thermostate durch einen → Außentemperaturfühler gesteuert.

Umwälzpumpe

Eine wartungsfreie elektrische Wasserpumpe mit sehr geringen Laufgeräuschen. Sie pumpt das Heizungswasser aus dem Kessel oder Durchlauferhitzer in die Heizkörper und wieder zurück.

Vierwegmischer

Heizungssysteme mit konstanter Kesseltemperatur (ca. 80 °C) regeln die → Vorlauftemperatur über einen Vierwegmischer. Hierbei wird das aus den Heizkörpern zurückströmende abgekühlte Wasser mit dem heißen Wasser aus dem Kessel gemischt und wieder zurück in die Heizkörper gepumpt.

Vorlauftemperatur

Die Temperatur des Wassers, welches in die Heizkörper gepumpt wird. Sie ist abhängig von der Außentemperatur bzw. dem Wärmebedarf in den Räumen.

Wärmepumpe

Eine Wärmepumpe dient zur Warmwasserbereitung. Sie ist im Prinzip vergleichbar mit einem Kühlschrank, nur passiert hier genau Umgekehrtes: statt Wärmeabgabe wird hier Wärme etwa zu zwei Drittel der Umgebungsluft entzogen. Der elektrische Energiebedarf des Antriebmotors reduziert sich dadurch unter normalen Betriebsbedingungen auf etwa ein Drittel.

Wasserenthärtung

Zu hartes Wasser verursacht übermäßige Kalkablagerungen in den Leitungen und vor allem in den Warmwasserbereitern. Weiterhin ist der Bedarf an Waschmitteln bei hartem Wasser größer als bei weichem. Die Wasserhärte kann durch chemische Zusätze (→Dosiereinrichtung) oder durch einen → Ionentauscher reduziert werden.

Die wichtigsten Austauschteile und Hilfsmittel

1. Die wohl häufigste Reparatur an der Sanitäranlage ist das Auswechseln einer Dichtung an einem tropfenden Wasserhahn. Fast so vielfältig wie das Angebot an verschiedenen Auslaufarmaturen ist die Auswahl unterschiedlicher Dichtungen. In nahezu allen Supermärkten finden Sie fertig verpackte Sortimente der gängigsten Dichtungen. Diese Angebote sind zwar sehr preisgünstig, aber leider können Sie nicht alle Teile gebrauchen und werden sie irgendwann wegwerfen. Besser ist es, Sie besorgen sich bei Ihrem Installateur einen Satz Dichtungen, die genau in Ihre Hähne passen.

2. Auch Dichtringe an Schlauchanschlüssen für Waschmaschine, Gartenschlauch usw. unterliegen einem Alterungsprozeß. Wenn Schläuche, z. B. an Wasch- und Spülmaschinen, nur selten gelöst werden, kann es sein, daß sie beim Abschrauben kaputt gehen. Dies gilt auch für den Anschluß des Abwasserschlauchs der Waschmaschine. Deshalb: Ein Sortiment passender Dichtungsringe sollten Sie immer im Haus haben.

3. Wenn Ihr Abfluß am Waschbecken verstopft ist, werden Sie in den meisten Fällen den Geruchverschluß unter dem Waschbecken aufschrauben und reinigen. Auch hier befinden sich einige Dichtungen, die nach dem Zusammenbau nicht mehr unbedingt dicht sein können. Achten Sie darauf, daß Sie speziell für Ihre Abwasserarmaturen die passenden Dichtungsringe besorgen.

4. Quetschdichtungen an Eckventilen oder beispielsweise an Kleinboilern unter dem Waschbecken werden nur dann gelöst, wenn eines der Teile ausgebaut werden muß (z. B. beim Austausch eines Waschbeckens). Sie haben zwei Funktionen: zum einen die der

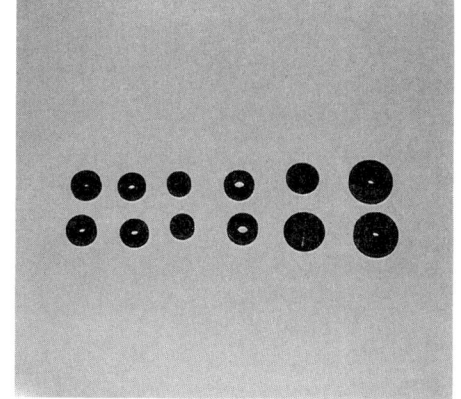

1

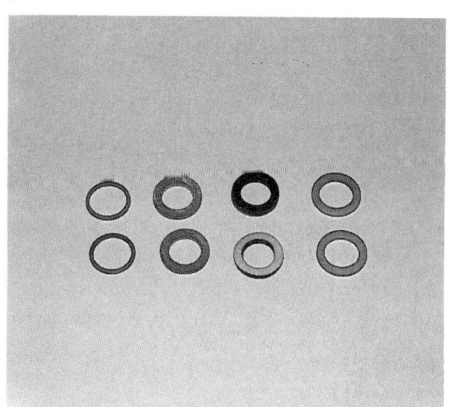

2

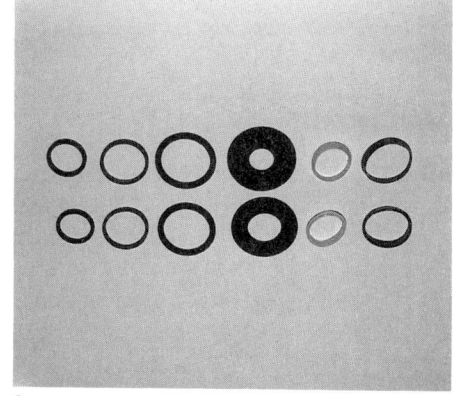

3

Materialkunde Austauschteile

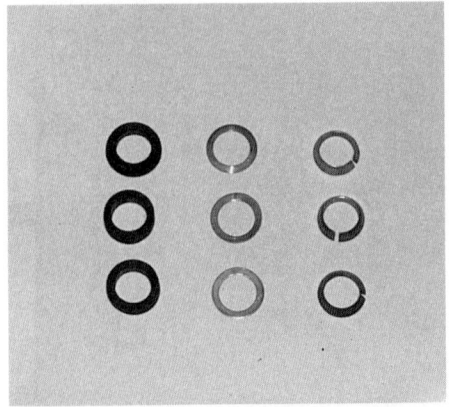

4

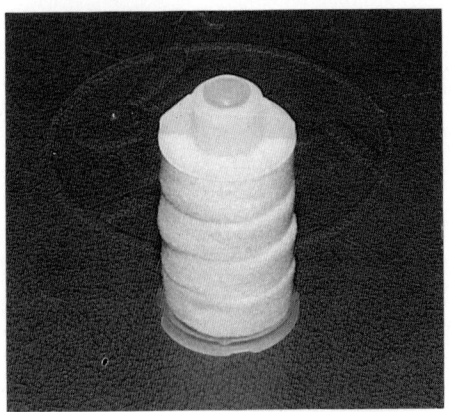

5

6

Abdichtung, zum anderen dienen sie dazu, das Kupferrohr in der Verschraubung zu fixieren. Die Quetschdichtung besteht aus vier Teilen. Erstens: aus einer Überwurfmutter mit konischem Ende; zweitens: aus einem konischen Messingring, der aufgeschnitten ist und beim Anziehen der Überwurfmutter das Kupferrohr fixiert; drittens: aus einer dünnen Messingscheibe; viertens: aus einem Gummiring, der beim Anziehen der Überwurfmutter zusammengequetscht wird und abdichtet. Es gibt noch ein anderes System, das Gummiring, Scheibe und Konus durch eine einzige Plastikhülse ersetzt. Die Gummidichtung sollte nach jeder Demontage ausgewechselt werden.

5. Bei einer Ölheizung befindet sich vor dem Eintritt der Leitungen (Vor- und Rücklauf!) ein Ölfilter. Durch das Schauglas können Sie den Grad der Verschmutzung erkennen. Der Filtereinsatz sollte nach jeder Heizperiode ausgewechselt werden.

6. Die Einspritzdüse Ihres Ölbrenners ist ein ganz wesentlicher Teil Ihrer Heizungsanlage. Sie unterscheidet sich im wesentlichen in der Größe der Sprühöffnung und im Sprühwinkel. Die Düse selbst hat nochmals einen Filter aus feinmaschigem Siebdraht oder, was noch besser ist, aus Sintermetall. Die innere Reinigung dieser Düsen ist sehr mühsam und nicht immer von Erfolg gekrönt. Deshalb wird bei verstopften Einspritzdüsen immer ausgewechselt. Auch wenn Sie Ihre Einspritzdüse gegen eine absolut baugleiche Düse auswechseln, muß der Brenner neu eingestellt werden (vgl. Arbeitsanleitung S. 73).

7. Wenn Sie nach der Wasseruhr einen Feinfilter eingebaut haben, muß auch dieser von Zeit zu Zeit gewechselt werden. Zur Not reicht auch das Auswaschen des Filtereinsatzes. Zum Lösen des Schauglases benötigen Sie einen speziellen Schlüssel, der beim Einbau der Filteranlage mitgeliefert wird. Versuchen Sie nicht, das Schauglas mit einer großen Rohrzange zu lösen. Das Glas könnte zerbrechen.

8. Gewinde von Wasserhähnen, Eckventilen, Verlängerungen oder Rohren, die direkt in ein Innengewinde eingedreht werden, müssen vorher mit Hanf umwickelt und mit Dichtungspaste bestrichen werden. Zur Not können Sie an Stelle der Dichtungspaste giftfreie Fette oder Öle benutzen. Außerdem können Gewinde mit Dichtungsbändern aus temperaturbeständigen Kunststoffen umwickelt werden. Abdichtungen mit Hanf haben den Vorteil, daß Sie das eingeschraubte Teil ohne weiteres auch wieder ein Stück herausdrehen können, ohne daß die Verbindung undicht wird. Dies ist besonders wichtig bei Hähnen, die eine bestimmte Stellung haben müssen. Bei Dichtbändern aus Kunststoff ist dies nur in ganz geringem Umfang möglich. Näheres erfahren Sie im Grundkurs »Gewindeverbindungen abdichten«, Seite 61.

Auf jeden Fall sollten Sie Hanf, Dichtungspaste und -band immer im Hause haben.

9. Sollten Sie sich zutrauen, auch Kupferleitungen zu reparieren – und das können Sie leicht, nachdem Sie den Grundkurs »Kupferrohre abschneiden und verlöten« (vgl. S. 62) durchgelesen haben –, dann brauchen Sie dazu folgendes: eine Lötlampe (am einfachsten mit Gaskartuschen), mindestens zwei für den Rohrdurchmesser passende Muffen, vielleicht noch einige Winkelfittings und eine entsprechende Länge Kupferrohr mit dem Durchmesser, der sich in Ihrem Haus befindet. Weiterhin ein für Installationen geeignetes Lötzinn (kein Lötzinn aus der Elektronik verwenden!), Lötfett als Flußmittel und feine Stahlwolle oder Schmirgelpapier, um die Verbindungsstellen zu reinigen. Eventuelle Isolierungen, die das zu reparierende Rohr ummanteln, können auch später wieder angebracht werden. Es ist nicht erforderlich, sie auf Vorrat zu haben.

Einfache Zapfventile und vor allem Absperrventile im Leitungsnetz haben häufig außenliegende Stopfbuchsen. Sie dichten den drehbaren Teil des Ventils gegen Wasseraustritt ab. Besonders bei Absperrventilen, die nur selten bewegt werden, kann nach dem Ab- und Wiederaufdrehen an der Ventilspindel Wasser austreten. Wenn das Leck durch Nachziehen der Schraube um die Spindel nicht mehr zu beheben ist, muß diese ganz herausgedreht und einige Windungen Talg- oder Graphitschnur nachgelegt werden.

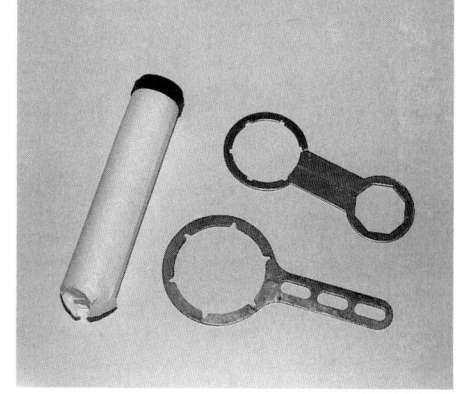

7

8

9

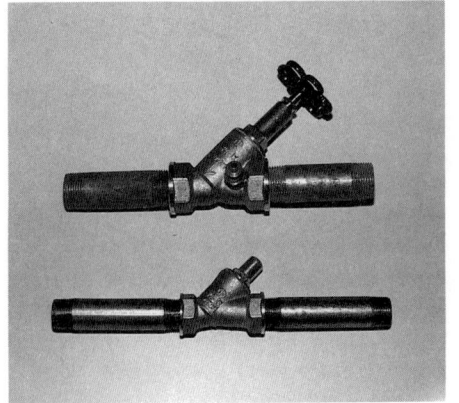

1

Rohrleitungen

Für die Wasserversorgung eines Gebäudes werden verzinkte Stahlrohre oder Kupferrohre verwendet. Für Kaltwasserleitungen können auch Kunststoffrohre eingesetzt werden. Für die Warmwasserversorgung sind nur Rohre aus dafür besonders geeigneten Kunststoffen zulässig.

Bleirohre können in alten Anlagen ebenfalls noch vorhanden sein, dürfen aber für neu zu erstellende Trinkwasseranlagen nicht mehr verwendet werden, da sie gesundheitsschädlich sind.

Die Mindestdurchmesser der Rohre in den verschiedenen Bereichen sind vorgeschrieben. Dabei nimmt der Durchmesser vom Hauptanschluß in Richtung Zapfstelle nach und nach ab. An der Zapfstelle in der Wand beträgt die Nennweite, also der Innendurchmesser, in der Regel 15 mm (DN 15). Angegeben wird dieses Maß in Zoll: 3/8" = 10 mm; 1/2" = 15 mm; 3/4" = 20 mm; 1" = 25 mm. Abweichungen von Millimeterangaben können durch unterschiedliche Wandstärken entstehen.

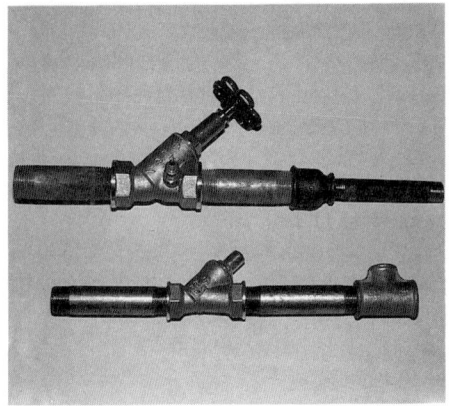

2

1.–2. Anschließbare Rohrarmaturen und Verbindungsstücke (Fittings) sind auf die entsprechenden Rohrdurchmesser abgestimmt. Als Angabe dient der Innendurchmesser der Rohre, der den verschiedenen Zoll-Maßen zugeteilt wird (z. B. Eckventil 1/2" oder Winkel 1/2"). Das tatsächliche Gewindemaß ist natürlich größer. Alle Stahlrohre wie auch sämtliche Armaturen sind mit einem Außengewinde versehen (Außen-Rechts-Gewinde). Zur Herstellung einer Verbindung sind verschiedenartig geformte Fittings nötig, die beidseitig mit Innengewinde oder mit einem Außen- und einem Innengewinde versehen sein können.

3. Letzteres ist der Fall, wenn ein Fitting wiederum in

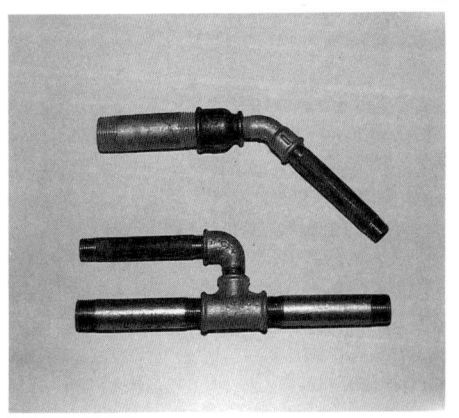

3

ein anderes eingeschraubt wird. Sollen Rohre und Armaturen mit unterschiedlicher Nennweite verschraubt werden, gibt es dazu passende Reduzierstücke (z. B. für 3/4" auf 1/2"). Das notwendige Dichtmaterial wurde im vorangegangenen Kapitel beschrieben. Wie Sie einen fachgerechten Anschluß zwischen Stahlrohr und Armatur herstellen, zeigen wir im Grundkurs »Gewindeverbindungen abdichten« (vgl. S. 61).

4. Kupferrohre werden völlig anders verarbeitet. Rohre aus diesem Material sind in Stangenform (hart) und als weiches Ringmaterial erhältlich. Das Ringmaterial ist häufig schon mit einem PVC-Stegmantel überzogen. Dies dient dem Korrosionsschutz von außen. Die »weichen« Kupferrohre sind bis zu einem gewissen Grad biegbar und können leicht in Wandschlitzen und Versorgungsschächten verlegt werden. Die Normung von Kupferrohren erfolgt durch Angabe des Außendurchmessers und der Wanddicke in Millimetern. Z. B. entspricht die Bezeichnung 10×1 einem Durchmesser von 10 und einer Dicke von 1 mm.

5. Die Verbindung zwischen Kupferrohren erfolgt ebenfalls mit Fittings (Winkel, T-, Reduzierstücke usw.). Es werden jedoch keine Gewinde angebracht, sondern die Teile werden verlötet. Beim Weichlöten besteht der Hauptbestandteil des Lotes aus Zinn. Es ist relativ leicht zu verarbeiten, da die erforderliche Schmelz-und Arbeitstemperatur mit einer einfachen Propanlötlampe erzeugt werden kann (vgl. »Kupferrohre abschneiden und verlöten«, S. 62).

Der Außendurchmesser von Kupferrohren entspricht fast genau dem Innendurchmesser der Fittings. Nach dem Zusammenstecken verbleibt ein ganz geringer Zwischenraum zwischen Rohr und Fitting, der beim Verlöten durch die »Kapillarwirkung« mit Lot ausgefüllt wird. Die Stelle ist dann dicht und unlösbar verbunden.

6. Den Anschluß von Armaturen (mit Außengewinde!) und Kupferrohren stellen spezielle Übergangsstücke her. Sie sind auf einer Seite mit einem Lötstutzen, auf der anderen mit passenden Innengewinden versehen.

7. Standarmaturen (z. B. Einlochbatterien an Waschbecken) sind mit verchromten 10 mm Kupferrohren

4

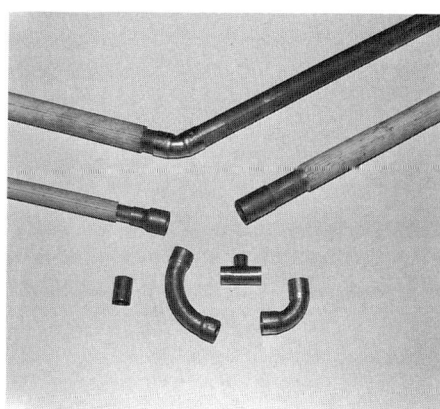

5

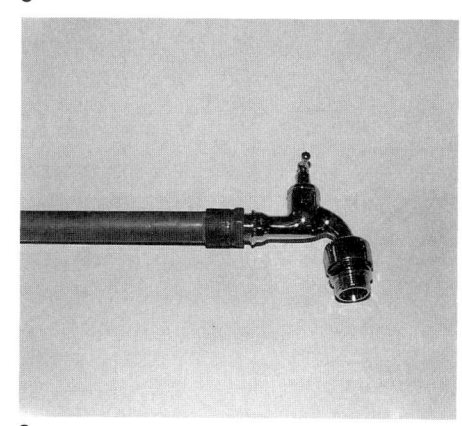

6

Materialkunde Brauchwasserrohre

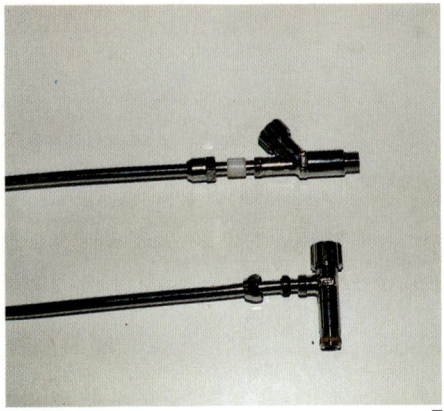

7

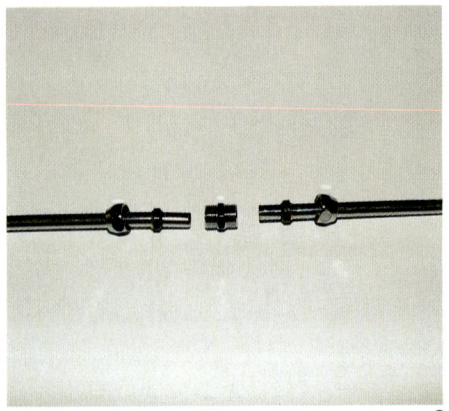

8

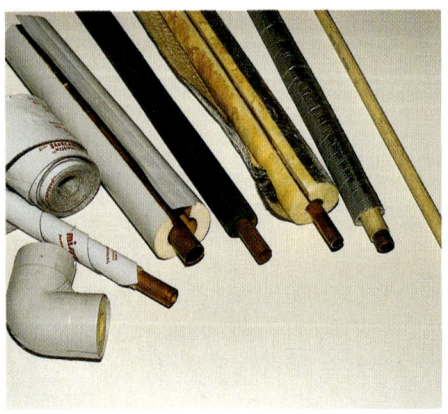

9

versehen. Sie werden an den Eckventilen mit einer jederzeit wieder lösbaren Quetschverbindung angeschlossen. Diese Rohre sind auch als Meterware erhältlich.

8. Mit Hilfe von Muffen und T-Stücken mit Quetschverbindung können Verlängerungen und Abzweigungen einfach hergestellt werden (z. B. beim Anschluß eines Kleinboilers unter dem Waschbecken). Mehr dazu finden Sie in der Materialkunde (vgl. S. 34).

Wenn in einem Haus sowohl verzinkte Stahlrohre als auch Kupferrohre verlegt sind, so ist unbedingt darauf zu achten, daß die Kupferrohre in Fließrichtung erst nach den verzinkten Stahlrohren installiert werden. Wasser, welches zuerst durch ein Kupferrohr fließt, würde ein nachfolgendes verzinktes Rohr mit der Zeit durch elektrochemische Reaktion zersetzen. Diese Fließregel ist auch zu beachten, wenn eine Warmwasser-Zirkulationsleitung an einem verzinkten Boiler angeschlossen wird!

Rohrleitungen können vor der Montage, aber auch nachträglich mit Isolierstoffen umkleidet werden. Im Zuge der Energieeinsparung müssen Warmwasserleitungen bei Neuinstallationen vor Wärmeverlusten geschützt werden. Aber auch bei Kaltwasserleitungen gibt es mehrere Gründe, eine Rohrisolierung anzubringen: Korrosionsschutz von außen, Vermeidung von Schwitzwasser und Schalldämmung.

9. Verschiedene Isolierstoffe und -systeme sind auf dem Markt. Dem äußeren Korrosionsschutz dienen umwickelte Filzstreifen oder Isolierschläuche, die auf das Rohr aufgeschoben werden. Zur Vermeidung von Schwitzwasser können Kupferrohre bereits mit einem PVC-Stegmantel versehen sein. Nach dem Verlöten müssen dann nur noch die blanken Anschlußstellen und die Fittings umwickelt werden. Dickwandige Hartschaumröhren für die verschiedenen Rohrdurchmesser bewirken einen guten Wärmeschutz.

Wichtig ist bei allen Isolierarbeiten, daß nicht nur die langen Rohrstücke, sondern auch Winkel und T-Stücke sowie die Anschlüsse direkt bis zu den Rohrarmaturen entsprechend verkleidet werden.

Rohrarmaturen im Brauchwassersystem

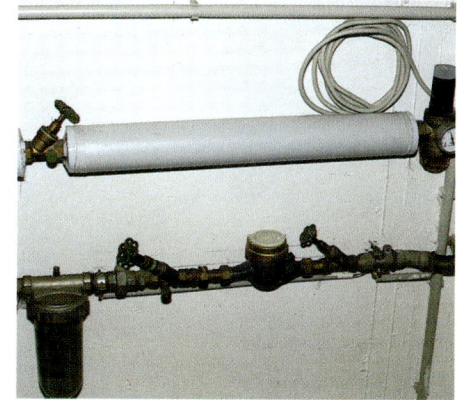

1. Wasseruhr, Absperr- und Überdruckventile, Rücklaufverhinderer, Rohrbe- und -entlüfter, Filter, Druckminderer usw. sind Armaturen, die zwischen die Rohre des Brauchwassersystems integriert werden. Sie haben deshalb auf beiden Seiten Innengewinde. Häufig sind sie auch durch Verschraubungen mit Ringdichtung in das Leitungsnetz eingesetzt. Dies ermöglicht ein leichtes Auswechseln, ohne mehrere Meter Rohr abschrauben zu müssen.

2. Die Wasseruhr wird von den Versorgungsunternehmen angebracht bzw. verplombt. Vor der Wasseruhr in Fließrichtung darf selbstverständlich keine Möglichkeit bestehen, Wasser ungezählt abzuzapfen.

3. Absperrventile befinden sich an vielen Stellen im Leitungssystem: vor und nach Wasseruhren, Filtern, Druckminderern, am Ausgangspunkt einer Steigleitung usw. Sie sind je nach Bedarf mit und ohne Wasser-Ablaßventil erhältlich. Die Fließrichtung muß beim Einbau beachtet werden: Der Wasserdruck muß gegen die Dichtung auf der Seite des Ventilsitzes drücken. Anderenfalls würde sich die Dichtung beim Aufdrehen nicht vom Ventilsitz lösen und gegebenenfalls abreißen.

4. Rückflußverhinderer sind überall dort eingebaut, wo Gefahr besteht, daß das Wasser entgegen der Fließrichtung laufen könnte. Diese Armatur ist im Prinzip gebaut wie ein Absperrventil, nur wird die Spindel durch eine Andruckfeder ersetzt. Der Wasserdruck überwindet den Federdruck, und das Wasser kann durchfließen, aber nur in eine Richtung. Ein Zurücklaufen des Wassers kann verursacht werden durch Druckabfall in der Leitung oder durch Ausdehnung des Wassers beim Erwärmen im Warmwasserbereiter.

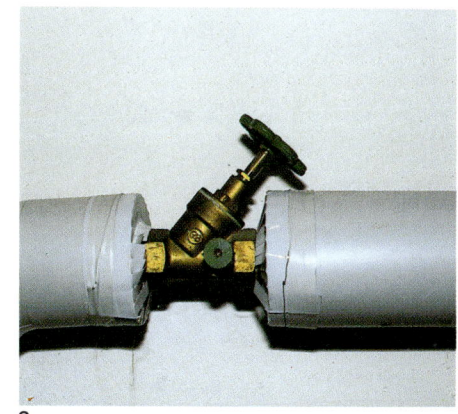

Materialkunde Brauchwasserrohre

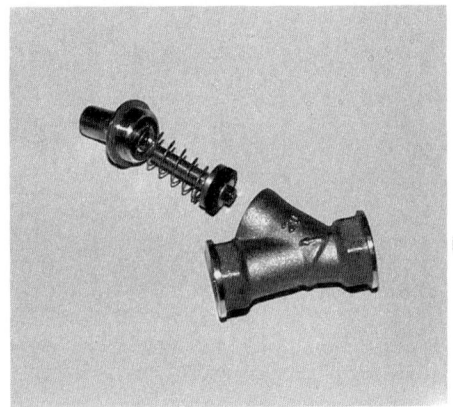

4

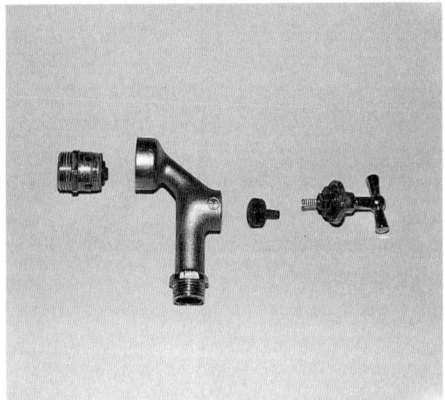

5

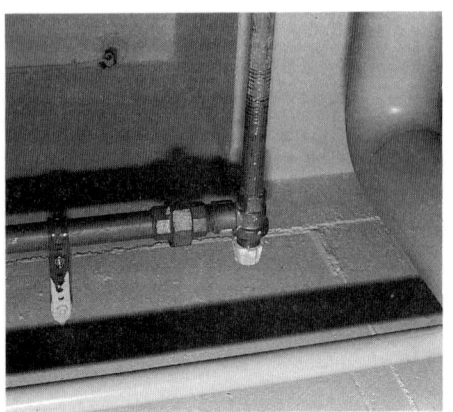

6

Das Fließen des Wassers in die falsche Richtung muß aus zwei Gründen verhindert werden: Zum einen könnten zwischengeschaltete Armaturen, wie z. B. der Druckminderer, Schaden nehmen, zum anderen könnte Wasser in die Brauchwasserleitung gelangen, welches als Trinkwasser nicht geeignet ist.

5. Häufig sind Absperrventile mit einem Rückflußverhinderer kombiniert. Hier ist das Ende der Spindel mit einer Andruckfeder versehen, die das Ventil im geöffneten Zustand bei Rückfluß schließt. Auslaßventile für Wasch- und Spülmaschinen müssen bei Neuinstallation mit einem Rückflußverhinderer versehen sein.

Wenn Wasser erwärmt wird, dehnt es sich aus. Dies geschieht z. B. im Warmwasserboiler eines geschlossenen Systems. Wenn nun ein Rückflußverhinderer die Ausdehnung zurück ins Rohrleitungsnetz verhindert, würde ein Druck entstehen, der das Warmwassersystem zum Platzen brächte.

6. Durch ein Überdruckventil wird dies verhindert. Bei etwa 6 bar macht dieses Ventil auf und läßt das überschüssige Wasser ablaufen, meist direkt in die Abwasserleitung. Bei Abkühlung des Brauchwassers kann umgekehrt kein Unterdruck entstehen, da das Wasser ja nachlaufen kann.

7. Ein Druckminderer gleich nach dem Wasserzähler stabilisiert den Wasserdruck innerhalb Ihres Hauses und verhindert Schäden durch Überdruck aus dem Versorgungsnetz. Eine Einstellung von rund 3 bar ist für einen normalen Haushalt ein vernünftiger Wert. Das Versorgungsnetz stellt meist einen weit höheren Wert bereit und ist vor allem in den Tageszeiten des größten Wasserverbrauchs starken Schwankungen unterworfen. Selbstverständlich kann der Druckminderer den Druck aus der Versorgungsleitung nur verringern und nicht erhöhen. Nicht zu vergessen ist, daß der Druck in der Höhe abnimmt, alle 10 m um etwa 1 bar. Wenn Sie also in einem zweistöckigen Haus im Keller einen Druck von 3 bar eingestellt haben, beträgt dieser im obersten Stockwerk nur noch 2 bar. Bei einer Toilette mit Druckspüler kann dieser Abfall bereits eine Rolle spielen. Der Rohrquerschnitt muß gut bemessen sein, um einen ausreichenden Wasserdruck bei geöffneten Ablaßventilen oder Spülungen zu gewährleisten.

Druckminderer haben meist noch einen integrierten Grobfilter. Bei Störungen oder Verschmutzung muß dieser gereinigt werden.

8. Feinfilter im Rohrleitungsnetz sollen auch feinste Teilchen, die mit dem Wasser eingeschwemmt werden können, zurückhalten. Er dient einmal, um Verstopfungen zu vermeiden (z. B. bei Perlsieben am Wasserauslaß oder bei anderen engen Stellen in der Wasserversorgung). Zum anderen soll dieser Filter aber auch Ablagerungen von festen Teilchen im Rohrleitungsnetz selbst verhindern. Eingeschwemmte Metallteilchen können z. B. »Lochfraß« verursachen, wenn sie örtlich begrenzt durch elektrochemische Reaktion mit dem Rohrmaterial eine Korrosion bewirken, die bis zum Durchfressen der Rohrwandung führen kann.

Feinfilter haben ein abschraubbares Schauglas, in dem die Filterpatrone sitzt. Bei erkennbarer Verschmutzung muß diese Filterpatrone gereinigt oder ausgetauscht werden. Es gibt auch Systeme mit Rückspülung. Hier wird der Filter zur Reinigung in umgekehrter Richtung mit Wasser durchspült.

9. Rohrbe- und -entlüfter werden am obersten Punkt von Steigleitungen angebracht. Beim Auffüllen des Leitungssystems kann hier die Luft aus den Rohren entweichen. Sobald das Wasser die Armatur erreicht, wird ein Schwimmer hochgedrückt und verschließt mittels einer Dichtung die Auslaßöffnung. Beim Ablassen des Wassers durch Öffnen des Ablaßventils im Keller (nach Schließen des Absperrventils!) geht der Schwimmer wieder nach unten und läßt Luft einströmen. Dadurch wird die Beschädigung von Armaturen durch Unterdruck verhindert.

Rohrbe- und -entlüfter gibt es mit und ohne Tropfwasserleitung. Befindet sich diese Armatur an Stellen, an denen beim Schließen eventuell austretendes Tropfwasser Schaden anrichten kann, so ist die etwas aufwendigere Installation mit einer Tropfwasserleitung angebracht.

7

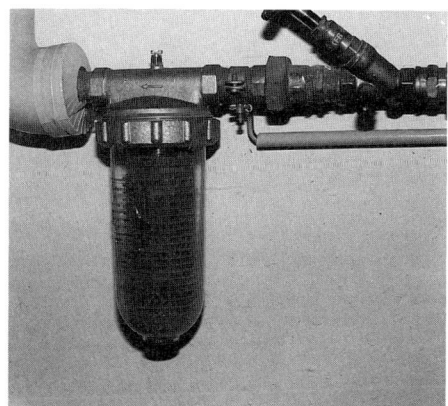

8

9

Materialkunde Brauchwasserrohre

1

2

Die zentrale Warmwasserversorgung

1. Es gibt viele Möglichkeiten, warmes Brauchwasser zu erzeugen. Angefangen vom Badezimmerkessel, der mit Festbrennstoffen oder Öl geheizt wird, dem Kleinboiler unter dem Waschbecken bis hin zu Durchlauferhitzern (elektrisch oder mit Gas), die erst dann warmes Wasser erzeugen, wenn der Hahn aufgedreht wird. Diese Geräte sind in unmittelbarer Nähe der jeweiligen Zapfstelle angebracht.

Die zentrale Warmwasserversorgung beliefert von einer Stelle aus sämtliche Zapfstellen in einem Haus. Das Problem hierbei ist jedoch, daß das Leitungsnetz bis zu den einzelnen Zapfstellen ziemlich lang sein kann und erst sehr viel Wasser abfließen muß, bis das warme Wasser ankommt. Und selbst dann wird es nur nach und nach warm, da die ausgekühlte Leitung auch erst aufgewärmt werden muß. Dies ist bei dem heutigen Energiebewußtsein und dem Bestreben, auch mit Wasser als Rohstoff sinnvoll umzugehen, nicht mehr tragbar. Deshalb werden die Warmwasserleitungen heute ähnlich der Zentralheizung als Zirkulationsleitungen installiert. Selbstverständlich sind die Rohre ausreichend wärmeisoliert.

2. Durch diese »Ringleitung« wird mittels einer Zirkulationspumpe warmes Wasser aus dem Boiler an den Abzweigstellen vorbei und wieder zurück gepumpt. Die Zirkulationsleitung soll möglichst nah an den einzelnen Abzweigungen für die Zapfstellen vorbeiführen, damit unverzüglich warmes Wasser aus dem Hahn laufen kann.

3. Die Zirkulationspumpe kann mit einer Schaltuhr gesteuert werden. Auf diese Weise kann die unverzügliche Bereitstellung des Warmwassers auf die Stunden beschränkt werden, in denen warmes Wasser benötigt wird. Sie sparen damit Strom für die Pumpe und verringern die Wärmeverluste, die bei diesem System trotz Rohrisolierung nicht ganz vermeidbar sind.

4. Der »Vorlauf« der Zirkulationsleitung ist mit größeren Rohrdurchmessern ausgestattet als der »Rücklauf«. Der Durchmesser der Vorlaufrohre richtet sich nach dem Wasserbedarf der angeschlossenen Zapfstellen. Das Rücklaufrohr hält den Kreislauf in Gang.

In den Rücklauf ist oft ein Rückflußverhinderer eingebaut. Er soll hier dafür sorgen, daß warmes Wasser beim Öffnen eines Hahns nur über die Vorlaufleitung gefördert wird und nicht mit dem bereits etwas abgekühlten Wasser aus der Rücklaufleitung gemischt wird. Außerdem wird die Pumpe keiner zu großen Belastung durch einen möglichen Gegenfluß ausgesetzt.

5. Die Warmwasserbereitung erfolgt üblicherweise in einem gut isolierten Speicher, der für die Haushaltsgröße genügend Warmwasser bereithält. Dieser Speicher oder Boiler kann separat elektrisch, mit Gas oder über eine Wärmepumpe betrieben werden. Häufig gibt es die Kombination mit der Zentralheizung.

Warmwasserboiler haben im unteren Bereich den Kaltwasserzulauf installiert. Im oberen Bereich ist die Warmwasserleitung angeschlossen. Bei Zirkulationsleitungen mündet diese auch im oberen Bereich in den Boiler. Da kaltes Wasser bekanntlich schwerer ist als warmes, kann nahezu der gesamte Inhalt des Boilers (z. B. zum Baden) verwendet werden, ohne daß durch das nachströmende kalte Wasser die Temperatur merklich absinkt.

Im Boiler befindet sich eine Rohrspirale, der sogenannte Wärmetauscher. (Bei elektrisch betriebenen Boilern ist dies die Heizschleife.) Durch diese Rohrspirale wird heißes Wasser aus dem Zentralheizungskessel gepumpt, welches die Wärme an das Brauchwasser abgibt. Je höher die Temperatur des Heizungswassers über der eingestellten Brauchwassertemperatur liegt, desto schneller wird dieses erwärmt. Nach Erreichen der gewünschten Warmwassertemperatur wird die Pumpe, die das Heizungswasser durch die Rohrschleife pumpt, thermostatisch abgeschaltet.

3

4

5

Materialkunde Brauchwasserrohre

Die wichtigsten Werkzeuge

Auf diesen beiden Seiten finden Sie Kurzbeschreibungen der wesentlichen Werkzeuge, die Sie zum Warten und Reparieren Ihrer Sanitär- und Heizungsanlage benötigen. Welche Werkzeuge Sie für einzelne Arbeitsgänge und -anleitungen brauchen, ersehen Sie aus den Abbildungen unter der Rubrik »Werkzeuge«, die Sie bei allen Arbeitsanleitungen finden.

Werkzeuge zum Greifen

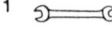

1. **Gabelschlüssel:** Sie haben den Vorteil, daß Sie bei beengten Platzverhältnissen damit gut Kantschrauben und Muttern anziehen oder lösen können. Sie werden besonders dort eingesetzt, wo Steck- oder Ringschlüssel nicht aufgesetzt werden können.
2. **Ringschlüssel:** Ringschlüssel umfassen den Schraubenkopf vollständig und rutschen deshalb selten ab.
3. **Inbusschlüssel:** Für Schrauben mit Innensechskant.
4. **Standhahn-Schlüssel:** Spezialschlüssel zum Anziehen von Verschraubungen an Standhähnen unter dem Wasch- oder Spülbecken.
5. **Bandschlüssel:** Eigentlich gedacht zum Lösen von Ölfilterpatronen an Kraftfahrzeugen. Er ist aber auch gut geeignet zum schonenden Lösen von Geruchverschlüssen an Waschbecken.
6. **Ventilschlüssel:** Spezialschlüssel zum Einschrauben von Heizkörpernippeln in den Anschlußtopfen von Heizkörpern. Der Schlüssel wird in die Öffnung eingesteckt, so daß der Konus für den Anschluß des Ventils nicht beschädigt werden kann.

7. **Steckschlüssel:** Besonders geeignet, wenn ein Sechskant nur von oben erreichbar ist.
8. **Flachschlüssel für Filtergläser:** Spezialschlüssel zum Lösen und Befestigen der Schaugläser, bei Wasser- und Ölfiltern. Mit einer Rohrzange könnten Sie das Glas zerstören.
9. **Ratsche und Nüsse:** Der Ratschensatz erleichtert Ihnen die Arbeit erheblich, da beim Schrauben das lästige Umgreifen entfällt.
10. **Vierkantschlüssel:** Mit ihm öffnen und schließen Sie das Entlüftungsventil an Ihrem Heizkörper.
11. **Rohrzange:** Schwere Zange bis zu 1 m lang. Mit ihr können Rohre und Verschraubungen gefaßt werden. Die Greifgröße ist einstellbar. Die Zange muß in Drehrichtung angesetzt werden; beim Anziehen spannt sie sich selbst.
12. **Armaturenzange:** Ein ähnliches Werkzeug wie die Rohrzange, jedoch mit glatten und parallel verlaufenden Backen. Wenn Sie Verschraubungen an verchromten Armaturen lösen wollen, werden diese mit der Armaturzange nicht beschädigt.
13. **Schwedenzange:** Im Gegensatz zur Rohrzange hat diese eine anders geformte Greiföffnung (rechtwinklig zum Hebelarm).
14. **Wasserpumpenzange:** Bei ihr ist die Greiföffnung verstellbar. Sie eignet sich für kleinere Rohrdurchmesser und Verschraubungen gut.
15. **Kombizange:** Universalzange für die verschiedensten Anwendungen.
16. **Telefonzange:** Spitz zulaufende Zange mit langen Greifbacken. Sie eignet sich zum Fassen schlecht zugänglicher Teile.

Werkzeuge zum Sägen und Schneiden

17. **Eisensäge:** In den Metallbügel können Sie die Eisensägeblätter in vier verschiedene Richtungen einspannen. Sie wird hauptsächlich zum Absägen von Metallrohren benutzt.
18. **Puk-Säge:** Kleine, handliche Ausführung der Eisensäge mit einem sehr feinen Sägeblatt; besonders gut geeignet zum Absägen von Kupferrohren.

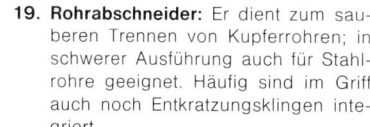

19. Rohrabschneider: Er dient zum sauberen Trennen von Kupferrohren; in schwerer Ausführung auch für Stahlrohre geeignet. Häufig sind im Griff auch noch Entkratzungsklingen integriert.

20. Ratschenkluppe: Sie eignet sich besonders dafür, Außengewinde z. B. an Stahlrohren aufzuschneiden. Für die verschiedenen Rohrdurchmesser gibt es unterschiedliche Schneidkluppeneinsätze oder auch Kluppen mit verstellbaren Schneidbacken.

Werkzeuge zum Glätten und Reinigen

21. Feilen: Sie eignen sich zum Abtragen und Glätten von Metallteilen. Eine Halbrundfeile ist besonders gut geeignet zum Glätten und Entgraten von abgeschnittenen Rohrenden.

22. Ventilsitzfräser: Er dient zum Abgleichen oder Nachfräsen von Ventilsitzen. Es können unterschiedliche Fräsköpfe aufgesetzt werden.

23. Reinigungswelle: Sie benötigen sie zur Behebung von verstopften Stellen innerhalb des Abwasserrohrsystems. Sie sind in verschiedenen Stärken und Längen erhältlich.

24. Pinzette: Dieses Werkzeug ist sehr gut geeignet zum Entfernen von Schmutzteilchen an schwer zugänglichen Stellen.

25. Bürste: Universalreinigungsgerät.

26. Ofenrohrbesen: Er dient zum Reinigen des Rauchabzugs zwischen Heizkessel und Kaminanschluß.

27. Pinsel: Universalwerkzeug zum Entfernen von Staub und lockeren Ablagerungen.

28. Stahlwolle: Mit ihr werden Metalloberflächen gereinigt, besonders beim Verlöten von Kupferrohren werden die zu verbindenden Teile sorgfältig damit abgerieben.

29. Drahtbürste: Sie dient zum Entfernen von Korrosion und grobem Schmutz auf Metallteilen. Nicht zu verwenden bei der Reinigung von Niedertemperaturkesseln.

30. Rauchzugbürsten: Spezialbürsten, die zu Ihrem Heizkessel passen müssen. Beim Reinigen der Rauchzüge sollten nur diese Bürsten verwendet werden.

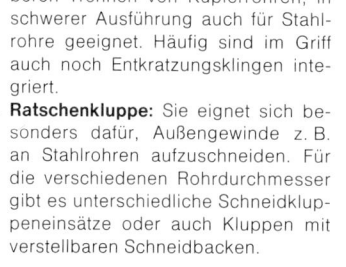
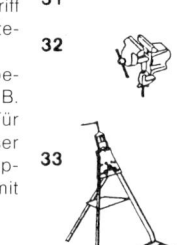
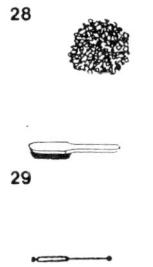
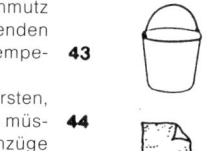

Weitere wichtige Werkzeuge

31. Lötbrenner: Zum Löten bei Rohrenden und Fittings.

32. Schraubstock: Universalspanngerät.

33. Rohrspann- und -biegegerät: Der Fachmann benutzt es zum Absägen, Biegen und Gewindeaufdrehen bei Rohren. Die Spannbacken sind keilförmig und greifen ineinander über. Dadurch wird das Werkstück an vier Punkten gehalten und kann sich nicht verformen.

34. Hammer: Universalwerkzeug.

35. Schraubendreher: Es gibt Flach- oder Kreuzschlitz-Schraubendreher. Sie sollten in ihrer Größe immer auf die zu lösende oder zu befestigende Schraube abgestimmt sein. Praktisch sind magnetische Schraubendreher mit auswechselbaren Einsätzen.

36. Spannungsprüfer: Ein kleiner Schraubenzieher mit integrierter Glimmlampe. Mit ihm können Sie überprüfen, ob das Gerät unter Spannung steht.

37. Spachtel: Geeignet, um Rückstände im Brennerraum des Heizkessels zu entfernen. Bei Niedertemperaturheizkesseln sollte wegen der Beschichtung eine Plastikspachtel benutzt werden.

38. Schieblehre: Mit ihr können Sie Außen- und Innendurchmesser z. B. von Rohren genau bestimmen.

39. Markierstift: Wasserfeste Filzstifte zum Markieren.

40. Bohrmaschinenpumpe: Ein Vorsatzgerät zu Ihrer Bohrmaschine, um Überschwemmungen zu beseitigen.

41. Elektrobohrmaschine: Sie eignet sich zum Bohren verschiedener Materialien, wenn Sie die richtigen Bohrsätze zur Hand haben. Außerdem können Sie zahlreiche Zusatzteile vorspannen und damit die Einsatzbereiche einer Bohrmaschine erhöhen.

42. Messer: Universalwerkzeug.

43. Eimer: Auffangbehälter für Leitungs- und Abwasser bei Reparaturen und Wartungsarbeiten.

44. Lappen: Er eignet sich nicht nur zum Aufwischen von Flüssigkeiten, sondern ist auch als Griffhilfe bei Verschraubungen sehr praktisch, die mit der Hand zu lösen sind.

Werkzeugkunde

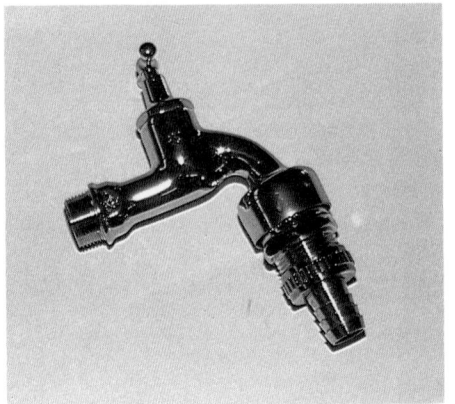

1

2

3

Verschiedene Wasserhähne

Wasser, welches im Haushalt zum Waschen, Baden, Spülen oder auch nur zum Rasensprengen verbraucht wird, muß an den Zapfstellen über Wasserhähne entnommen werden.

1. Der Fachmann bezeichnet einen einzelnen Wasserhahn als Auslaufventil. Steht dieses Ventil mit Geräten oder Anlagen in Verbindung, die Nichttrinkwasser enthalten, wie z. B. der Hahn für den Anschluß eines Gartenschlauchs oder einer Wasch- oder Spülmaschine, dann muß das Auslaufventil mit einem Rückflußverhinderer versehen sein. Damit wird verhindert, daß im Falle der Rücksaugung das Trinkwasser im Leitungsnetz verunreinigt wird. Ein zusätzlicher Rohrbelüfter am Schlauchanschluß unterbricht in diesem Fall auch die Wassersäule und verhindert einen Unterdruck im Schlauch bzw. in den angeschlossenen Geräten.

2. Einige Hersteller bieten für den Anschluß von Wasch- und Spülmaschinen in Wohnräumen eine sogenannte »Aqua-Stop«-Einrichtung an. Der Anschlußschlauch ist hier doppelwandig. Bei einer lecken Stelle im Druckschlauch wird das austretende Wasser in der Doppelwandung zum Aqua-Stop zurückgedrückt und unterbricht damit die weitere Wasserzufuhr.

An allen Entnahmestellen mit Warm- und Kaltwasserbedarf (Küchenspüle, Waschbecken, Bade- und Duschwanne) kann die gewünschte Mischtemperatur über Mischbatterien eingestellt werden.

Der Handel bietet eine große Auswahl verschiedenartiger Mischbatterien bezüglich Bedienungstechnik, Form als auch farblicher Gestaltung an.

3. Bei Zweigriff-Mischbatterien wird die gewünschte Wassermenge und Temperatur über je ein Warmwasser- und ein Kaltwasserventil eingestellt. Es gibt sie direkt montiert als Wandarmatur z. B. für Badewannen oder auch als Standarmatur bzw. Einloch-Batterie für Waschbecken oder Küchenspülen, die über biegsame Kupferrohre an Eckventile unterhalb der Becken angeschlossen werden.

4. Leichter zu bedienen und in der Einstellung der Wassertemperatur komfortabler sind Einhand-Mischbatterien. Obwohl sie teurer und nicht so einfach zu reparieren sind, werden sie den Zweigriff-Mischbatterien immer mehr vorgezogen.

Die Wasserzufuhr erfolgt nach Ziehen oder Drücken des Ventilknaufs/Ventilhebels, die Mischtemperatur kann durch Schwenken desselben Griffs eingestellt werden.

5. Die Mischbatterien für Badewannen und Duschen werden auch als Unterputzmodelle (unter den Fliesen) angeboten. Hier ragen nach der Montage nur noch die Bedienungselemente aus der Wand hervor.

Badewannenarmaturen haben meist einen Anschluß für eine Handbrause. Um eine ungewollte Betätigung der Brause zu verhindern, springt bei vielen Armaturen der Brausehebel, wenn Sie das Wasser abdrehen, automatisch in die Ursprungsstellung zurück.

6. In einer noch verfeinerten Ausführung sind Mischbatterien mit Temperaturwählern zu bekommen. Diese thermostatisch gesteuerten Mischbatterien halten die einmal vorgewählte Mischtemperatur weitestgehend konstant.

Bei Temperaturschwankungen im Leitungsnetz verändert ein Ausdehnungskörper den Zulauf von Warm- und Kaltwasser entsprechend.

Eine Sicherheitssperre bei einigen Thermostat-Mischbatterien verhindert, daß die 40-Grad-Einstellung ungewollt überschritten wird. Das kann erst geschehen, wenn eine Sperre von Hand entriegelt wird. Besonders bei älteren Personen und Kindern können damit gefährliche Verbrühungen vermieden werden.

Sämtliche Zweigriff-Armaturen sind mit Gummiring-Dichtungen ausgestattet, die von Zeit zu Zeit ausgewechselt werden müssen.

4

5

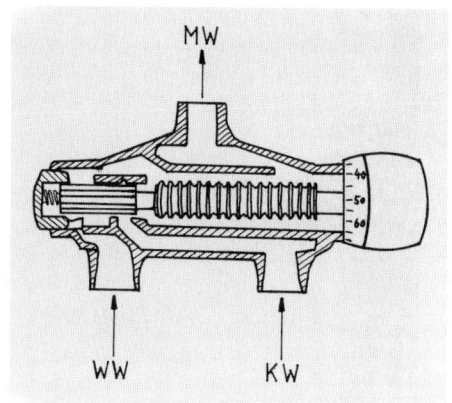

6

Materialkunde Armaturen

1

2

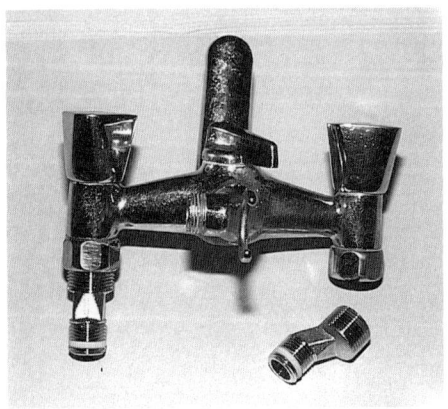

3

Unterschiedliche Wasserhahn-anschlüsse

Wasserhähne (Auslaufventile) für den Anschluß direkt an der Wand sind in verschiedenen Rohrdurchmessern erhältlich.

Als übliche Nennweiten für die Hausinstallation gelten Hähne mit der Gewindegröße »R 1/2«. Erläuterungen finden Sie im Kapitel »Rohrleitungen« auf Seite 24.

1. Alle Wasserhähne werden mit einem Außengewinde versehen, benötigen also zur Installation ein Innengewinde als Gegenstück in der Wand. Als Dichtungsmaterial werden vor dem Zusammenschrauben entweder Hanffäden und Dichtungspaste oder Dichtungsbänder aus temperaturbeständigen Kunststoffen aufgebracht. Wollen Sie Hähne mit einer kleineren Nennweite als dem vorgegebenen Rohrdurchmesser installieren, müssen Sie dazu Reduzierstücke verwenden (z. B. von R 3/4 auf R 1/2).

2. Sogenannte Rosetten mit verschiedenen Durchmessern und in unterschiedlichen Dicken (Abstand zur Wand) decken die Anschlußstelle sauber ab.

Zweigriff-Mischbatterien in der Ausführung als Wandarmatur finden hauptsächlich Verwendung bei Bade- und Duschwannen. Als Armatur über Küchenspülen und Waschbecken sind sie mittlerweile von bedienungsfreundlichen Einhand-Mischbatterien in Standausführungen (Einloch-Batterie mit Anschluß unter dem Becken) verdrängt worden.

3. Wandarmaturen mit zwei Anschlüssen können nicht wie einfache Wasserhähne direkt in die Gegenstücke, die sich in der Wand befinden, geschraubt werden. Die Verbindung erfolgt durch zwei Überwurfmuttern und mit passenden Dichtungsringen, also ohne Hanf oder Dichtungsband. Der seitliche Abstand von Kalt-und Warmwasseranschluß bei Wandarmaturen ist vorgegeben. Er beträgt je nach Modell etwa 128 bis 178 mm. Zum Abgleich mit den vorhandenen Rohrabständen in der Wand werden S-Anschlüsse mitgeliefert. Mit ihnen wird auch der Übergang zwischen der Gewindegröße der Überwurfmutter und dem Innengewinde auf einer »Montageplatte« nie in alle drei Richtungen hundertprozentig genau. Die Differenzen werden mit den S-Anschlüssen, die direkt in die Wandanschlüsse geschraubt werden, ausgeglichen: im Abstand der beiden Anschlüsse, in der Waage und im Abstand zur Wandoberfläche.

4. Große Unterschiede im Abstand zur Wandoberfläche können mit Distanzstücken ausgeglichen werden. Sie haben ein Außen- und ein Innengewinde und werden mit einem Imbusschlüssel in den Wandanschluß eingeschraubt. Passende Rosetten bilden einen sauberen Abschluß. Sind die S-Stücke in allen drei Richtungen ausgerichtet, kann die Armatur mit den Überwurfmuttern verschraubt werden.

5. Eine gänzlich andere Anschlußart verlangen Standarmaturen. Sie werden auf Waschbecken oder Küchenspülen montiert und mit biegsamen verchromten Kupferrohren über Eckventile an die Wasserversorgung unterhalb des Beckens angeschlossen. Die Eckventile selbst werden wie einzelne Wasserhähne in die Rohrstutzen eingeschraubt. Die Kupferanschlußrohre der Batterie werden nur eingesteckt und verklemmt.

6. Eine konisch verlaufende Überwurfmutter sorgt zusammen mit eingelegtem Quetschkonus, Beilagscheibe und Dichtungsgummi für eine sichere Verbindung. Sind die Anschlußrohre zu lang, können Sie sie mit einer Eisensäge oder einem speziellen Rohrabschneider kürzen. Die Schnittstelle muß vor dem Einstecken außen und innen sauber entgratet werden, damit die Gummidichtung nicht beschädigt wird und keine Metallspäne zwischen die Dichtungen der Armatur gelangen können. Ebenso können zu kurze Anschlußrohre verlängert werden. Verchromte Kupferrohre sind als Meterware mit den dazugehörenden Quetschverbindungs-Muffen erhältlich. Mit T-Stücken können weitere Anschlüsse angebracht werden.

4

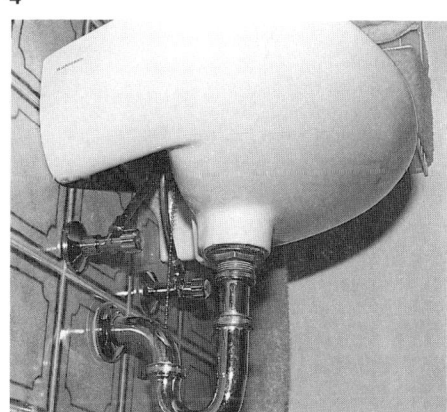

5

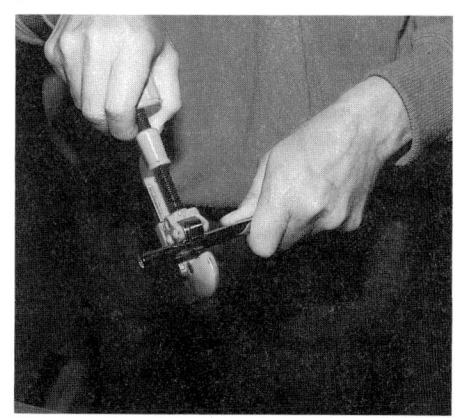

6

Materialkunde Armaturen

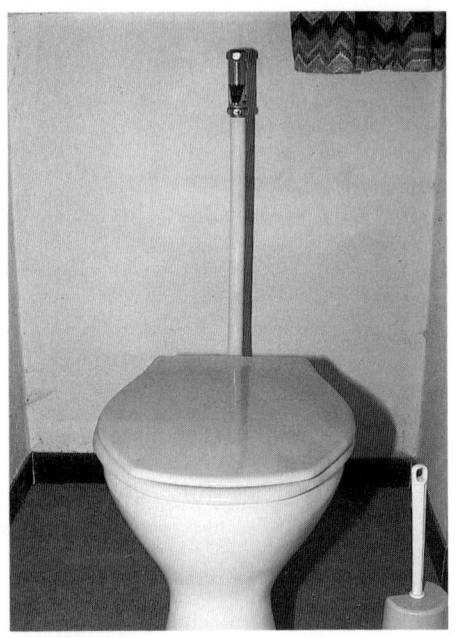

1

2

Die Toiletten-spülung

Für die Wasserspülung des Klosettbeckens werden Druckspüler oder Spülkästen verwendet.

1. Druckspüler wurden vornehmlich Anfang der 60er Jahre eingebaut. Sie lösten bei Neuinstallationen die bis dahin üblichen hochhängenden Spülkästen ab. Druckspüler werden direkt in den Wandanschluß eingeschraubt und benötigen als Zuleitung einen Rohrdurchmesser von mindestens 1" (DN 25). Das ist bei weitem mehr als für einen Spülkasten erforderlich ist. Außerdem erzeugen sie bei Betätigung sehr starke Geräusche, die sich über das gesamte Rohrnetz übertragen. Je höher der Wasserdruck, desto stärker sind die Geräusche. Mit diesen Spülarmaturen kann die Wasserdurchflußmenge und die Spülzeit eingestellt und bei Bedarf ohne Verzögerung gespült werden.

Durch einen erforderlichen Betriebsdruck von 1,5 bis 6 bar kann es bei mehrstöckigen Häusern in den oberen Etagen wegen des Druckabfalls Probleme geben.

Aufgrund der großen Empfindlichkeit gegen Schmutzteilchen und Korrosion kann sich die Grundeinstellung häufig verändern. Bei Wartungs- und Reparaturarbeiten muß vorher das entsprechende Rohrleitungsnetz entleert werden. Die Wartung ist nicht zuletzt deshalb aufwendiger und schwieriger als beim Spülkasten. In der Arbeitsanleitung »Spülkasten warten« (vgl. S. 97) erfahren Sie mehr darüber.

2. Weit häufiger verbreitet als Druckspüler sind heutzutage in privaten Haushalten Tiefhänge-Spülkästen.

Bei bodenstehenden Spülklosetts werden sie an die Wand montiert, bei wandhängenden Klosettbecken können sie auf dem Klosett aufsitzen.

3. Hochhängende Spülkästen sind nur noch in alten Häusern zu finden.

4. Die sicher eleganteste Lösung bietet ein Wandein-bauspülkasten. Spülkasten und -rohr verschwinden in der Wand. Der Spülkastenhebel sitzt auf einer ab-schraubbaren Blende an der Wand, so daß die Arma-turen des Spülkastens bei Bedarf zugänglich sind.

Im Unterschied zu Druckspülern können Spülkästen und damit das gesamte Rohrnetz eines Hauses mit kleineren Rohrnennweiten auskommen.

Die Spülgeräusche sind geringer, denn das Spülwas-ser sammelt sich ja erst im Spülkasten bevor es ver-braucht wird, wogegen beim Druckspüler während des Spülvorgangs eine direkte Verbindung zwischen Wasserzulauf und -ablauf im Spülrohr entsteht.

Das erforderliche Spülvolumen einer Anlage hängt von der Bauart des angeschlossenen Klosetts ab. So benötigen Absaugklosetts funktionsbedingt mehr Wasser als Flach- oder Tiefspülklosetts. Unabhängig davon hat sich aber in den letzten Jahren der Trend zu einem umsichtigen Umgehen mit Rohstoffen durchge-setzt, nicht zuletzt durch gestiegene Rohstoffpreise. Daß auch Wasser kostbar ist, merken wir immer dann, wenn momentan keines zur Verfügung steht.

5. Die Hersteller von Sanitärzubehör haben darauf reagiert und bieten seit einigen Jahren Spülkästen mit einer sogenannten »Spartaste« an. Mit ihr kann die Wasserzuführung während des Spülvorgangs unter-brochen werden. Andere Modelle haben zwei Druck-punkte bei der Betätigung des Spülhebels, mit dem die Wassermenge reguliert werden kann. Auch eine nachträgliche Umrüstung des vorhandenen Spülka-stens mit Sparschaltung ist möglich. Beim »kleinen Geschäft« müssen nun nicht mehr sämtliche 9 bis 12 l einer Spülkastenfüllung verbraucht werden. Man kommt nämlich auch mit weniger Wasser aus. Außer-dem kann zusätzlich die Wassermenge im Spülkasten selbst eingestellt werden (vgl. Arbeitsanleitung »Spül-kasten warten«, S. 97).

Tiefhängende Spülkästen sind heute so konstruiert, daß sie sowohl an einem Eckventil als auch mittig am früheren Anschluß eines Druckspülers angeschlossen werden können.

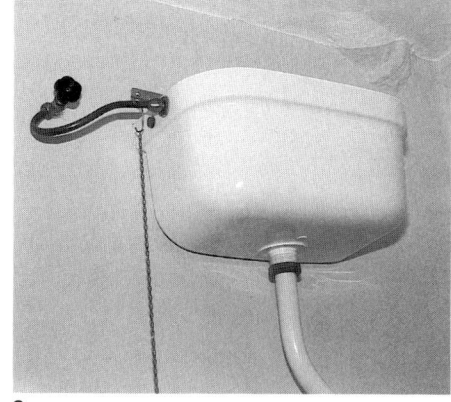

3

4

5

Materialkunde Armaturen

1

2

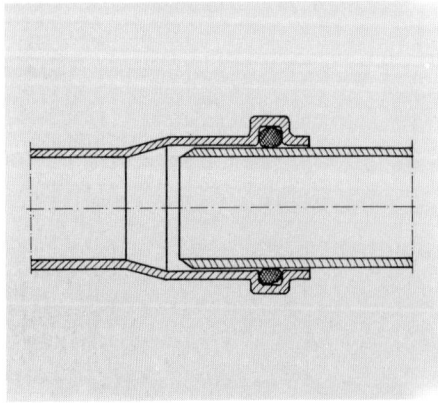

3

Abwasserrohre in der Wand

Das Abwasser (Schmutzwasser) eines Hauses fließt durch ein Rohrsystem mit zunehmend größer werdenden Nennweiten (Rohrdurchmessern) in den öffentlichen Kanal, bei Häusern ohne Kanalanschluß in eine Versitzgrube.

Toiletten haben einen Anschlußdurchmesser von 100 mm (DN 100), Waschbecken, Badewannen, Duschbecken und ähnliche Einrichtungen beginnen mit einem Durchmesser von 40 bzw. 50 mm. Die Abflußleitungen verlaufen in der Wand mit Gefälle und münden in eine senkrecht in den Keller führende Falleitung.

1. Falleitungen werden bis über das Dach geführt und sind dort offen, so daß Luft ein- und austreten kann. Sie entlüften damit gleichzeitig das Abwassersystem, wodurch es nicht zu einer Sogwirkung kommen kann. Andernfalls könnten beim Ablassen von Wasser die Geruchverschlüsse leergesaugt werden. Das im Keller angekommene Schmutzwasser wird über freiliegende Sammelleitungen mit Revisionsöffnungen der Grundleitung in der Erde zugeführt. Diese mündet schließlich in den Abwasserkanal.

Generell dürfen für die Gebäudeentwässerung einschließlich der Grundleitung Kunststoffrohre mit geeigneten Rohrdurchmessern verwendet werden. Zu beachten sind hier die Mindestnenndicken der einzelnen Rohrabschnitte sowie die Wandstärke und Verwendung geeigneter Kunststoffe (PVC hart, PP oder ABS und PE hart).

2. Zur Bestimmung des Anwendungsbereichs werden die Rohre eingefärbt (weiß, grau, rot, schwarz) und mit farbigen Aufschriften versehen (HT für heißwasserbeständige und schwer entflammbare Rohre; KA für Rohre, die nur Kaltwasser führen dürfen).

3. Kunststoffrohre verlegt man mit Steckverbindungen. Zum Abdichten werden Gummiringe in die Steckmuffen der Rohre eingelegt; danach wird das Anschlußstück bis zum Anschlag eingeschoben. Dann wird es wieder um etwa 10 mm zurückgezogen, um Wärmeausdehnungen ausgleichen zu können. Besonders bei größeren Rohrdurchmessern ist es hilfreich, vor der Montage die Muffe mit einem Gleitmittel (Gleitpaste, Glyzerin) einzustreichen.

4. Stahlabflußrohre sind sehr widerstandsfähig gegen äußere Einflüsse. Sie haben eine hohe Temperaturbeständigkeit und sind auch freiliegend kaum durch Flammen zu zerstören. Zum Schutz vor Korrosion sind sie verzinkt und innen zusätzlich noch kunststoffbeschichtet. Verlegt werden sie wie die Plastikrohre mit Steckmuffen. Nur werden hier an Stelle der Gummiringe zur Abdichtung »Lippen-Dichtmanschetten« verwendet. Stahlabflußrohre sind mit den Nennweiten DN 40 bis DN 200 erhältlich.

4. Für die freiliegenden Sammelleitungen im Keller eines Hauses werden in aller Regel gußeiserne Rohre verlegt. Wurden sie früher noch als Muffenrohr hergestellt, sind heute muffenlose Abflußrohre üblich. Sie werden stumpf gegeneinander gesetzt und durch Gummi-Dichtmanschetten und Spannhülsen miteinander verbunden. Eine Gummilippe zwischen den Stößen verhindert die Übertragung von Schall und läßt auch eine gewisse Wärmeausdehnung zu. Wenn Sie die Spannhülsen abschrauben, können einzelne Rohrteile problemlos ausgebaut werden.

6. Revisionsklappen oder -deckel in der Abwasserleitung sollen, wenn möglich, nicht in den senkrechten Rohrabschnitten, sondern in den leicht schrägen angebracht werden, damit die Öffnung nach oben gerichtet sein kann. Das hat den Vorteil, daß bei der Behebung von Verstopfungen über diese Revisionsklappe bis zu einer gewissen Menge das Wasser weiterfließen kann, ohne daß es aus der Öffnung austritt und unangenehme Überschwemmungen verursacht (vgl. Arbeitsanleitung »Verstopfte Rohre mit der Reinigungswelle säubern«, S. 116).

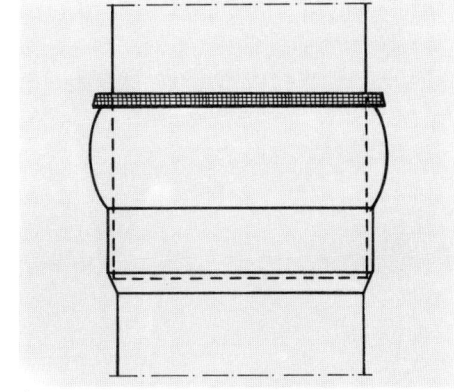

4

5

6

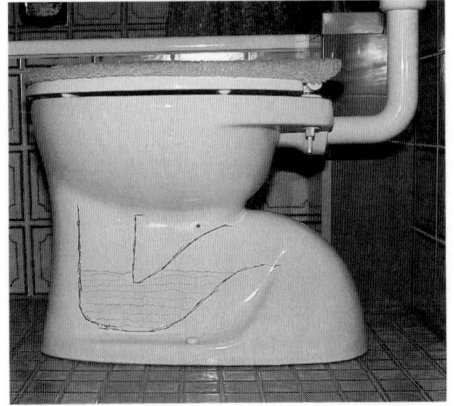

1

Verschiedene Geruchverschlüsse

Geruchverschlüsse verhindern das Austreten von Gasen aus Abwasserleitungen. Erreicht wird dies durch speziell geformte Rohrstücke in Verbindung mit darin stehendem Wasser. Weil es in der Regel ständig durch die Benutzung erneuert wird, kann das stehende Wasser selbst keine Gerüche erzeugen.

1. Beim Klosett ist der Geruchverschluß durch die Bauart in den Ablauf integriert, bei allen anderen sanitären Einrichtungen wird er als Siphon nach der Ablauföffnung angeschlossen. Bei Verstopfungen im Abwasserleitungssystem sollte immer zuerst im Siphon nach der Ursache gesucht werden (vgl. S. 114).

In Wasserabläufe, die nur selten benutzt werden, wie z. B. Bodenabläufe in Bädern, sollte von Zeit zu Zeit Wasser eingegossen werden, da das Wasser im Geruchverschluß austrocknen und der Weg für unangenehme Gerüche aus der Abwasserleitung frei werden kann.

Geruchverschlüsse gibt es in unterschiedlichen Bauarten und für die verschiedensten Einsatzbereiche.

2

2. Rohrgeruchverschlüsse unter Waschbecken ermöglichen den Anschluß an den Rohrstutzen in der Wand auch dann, wenn sich der Stutzen nicht mittig unter dem Ablauf befindet. Zudem lassen sie sich bei Verstopfungen leicht zerlegen, reinigen und durchspülen. Sie sind als komplettes Set oder auch in einzelnen Teilen mit unterschiedlichen Abmessungen in Kunststoff oder verchromter Metallausführung in jedem Heimwerkermarkt erhältlich.

3. Im Flaschengeruchverschluß wird das Schmutzwasser über ein Tauchrohr bzw. eine -blende unter das Niveau der Austrittsöffnung geleitet. Sperrige Teilchen (z. B. Haarklammern) in Verbindung mit Haaren

3

und Seife können sich leichter als beim Rohrsiphon verkanten und mit der Zeit zu einer Verstopfung am Grund des Siphons führen. Bei den meisten Rohrsiphons ist die »Tasse« abschraubbar, so daß die Fremdkörper nach dem Abnehmen leicht entfernt werden können. Alte Metallgeruchverschlüsse lassen Schmutzteilchen an den Wandungen besser haften und sind daher auch leichter verstopft als solche aus Kunststoff.

5. Geruchverschlüsse an Bade- und Duschwannen sind sehr flach gebaut, da unter der Wanne bzw. unter dem Duschbecken nicht so viel Platz zur Verfügung steht als beim Waschbecken. Sie werden in den unterschiedlichsten Bauarten angeboten und sind zumeist in dem Ablauf- und Überlaufset mit enthalten.

Bade- und Duschwannen sind üblicherweise eingemauert und verfliest. Der Siphon ist dann erst nach Abnahme der Revisionsklappe zugänglich. Die Revisionsklappe ist hier ein Metallrahmen, in dem zwei bzw. vier Fliesen befestigt sind. Hinter den Fliesen wird er mit einem aushängbaren Federzug gehalten.

Sollte Ihr Bad mit einem Bodenablauf ausgestattet sein, so ist es möglich, daß der Ablauf der Bade- bzw. Duschwanne ohne eigenen Geruchverschluß direkt dort angeschlossen ist. Bei Ablaufproblemen sollten Sie dann zuerst dort nach der Ursache suchen.

6. In Kellerräumen mit Wasseranschluß (z. B. für die Waschmaschine) befindet sich üblicherweise ein Bodenablauf (Gully), der größer ist als die formschönen verchromten Abläufe in Bädern. Wegen des größeren Schmutzanfalls in diesen Räumen befindet sich unter den Einlaufrillen ein Auffangkorb. Dieser hält groben Schmutz vom Abwassersystem fern. Er muß von Zeit zu Zeit gereinigt werden.

Für spezielle Anforderungen gibt es Bodenabläufe mit Ölabscheider, Ölsperren und Rückstauklappen. Letztere Ausführung ist dann empfehlenswert, wenn zu befürchten ist, daß bei Überlastung des Kanalnetzes Wasser in das Haus zurückgedrückt werden könnte. Auch in hochwassergefährdeten Gebieten werden Gullys mit Rückstauklappen eingebaut.

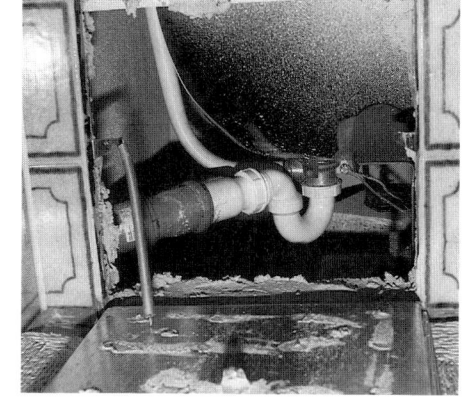

4

5

6

Materialkunde Abwasserrohre

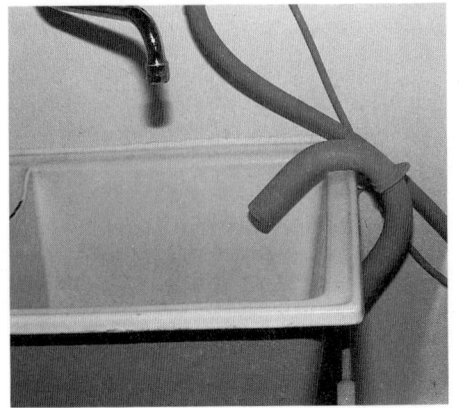

1

Abwasseranschluß bei Wasch- und Spülmaschinen

1. Waschmaschinen werden vom Hersteller mit einem Abwasserschlauch mit U-Krümmung versehen, der dann je nach Standort der Maschine in eine Badewanne oder ein Wasch- oder Spülbecken eingehängt werden kann. Um unliebsame Überraschungen zu vermeiden, sollte der Schlauch aber besser einen festen Anschluß an einem Abwasserrohr erhalten.

Geschirrspülmaschinen werden ohnehin fast nur an einen Nebenanschluß der Ablaufgarnitur des Spülbeckens angeschlossen. Deren Abwasserschläuche werden ohne U-Ende (U-Krümmung) geliefert.

2. Ablaufgarnituren von Wasch- und Spülbecken sind wahlweise mit oder ohne Nebenanschluß erhältlich. Wenn der Anschluß nicht belegt ist, kann er mit einem Schraubdeckel und Dichtung verschlossen werden.

2

Soll eine Maschine angeschlossen werden, ist darauf zu achten, daß der Schlauch in einem Bogen bis unter die Beckenoberkante und zurück zum Nebenanschluß geführt wird. Dadurch werden Rückspülungen von Abwasser aus dem Becken in die Maschine verhindert.

Unterstützt wird die richtige Schlauchführung durch einen abgewinkelten Stutzen, der an den Nebenanschluß geschraubt wird. Der Stutzen muß immer nach oben gerichtet sein.

3. Der Abwasseranschluß muß nicht immer an eine vorhandene Ablaufgarnitur angeschlossen werden. Steht Ihre Waschmaschine z. B. im Keller, und Sie möchten den Abwasserschlauch nicht unbeaufsichtigt in ein Auslaufbecken einhängen, bzw. ist keines vorhanden, kann auch ein eigener Ablauf mit Geruchverschluß installiert werden. Der Schlauch wird dann durch einen Schraubring mit dem Einlaufstutzen fest und sicher verbunden.

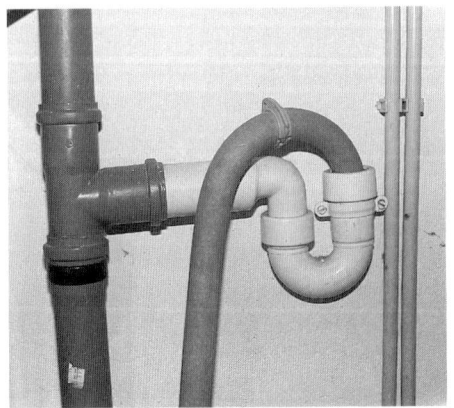

3

Ölversorgung und Brenner

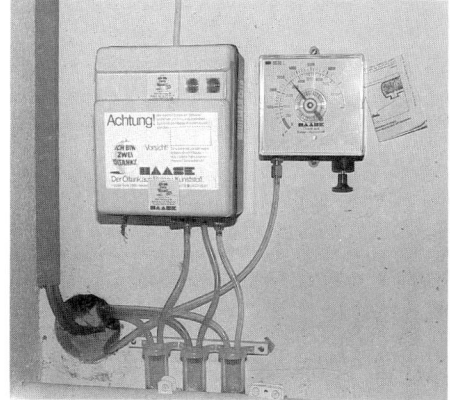

1

2

3

Wir beschränken uns in diesem Buch auf die Beschreibung der Ölheizung. In diesem Bereich sind sehr viele Fehlerursachen auch für den Nicht-Fachmann leicht zu erkennen und zu beheben. Bei Gasfeuerungen ist die Gefahr zu groß, daß Mißgriffe bei der Wartung unabsehbare Folgen nach sich ziehen könnten.

1.–2. Die Ölheizungsanlage beginnt am Öltank. Außen- oder Erdtanks müssen inzwischen zweischalig gebaut sein. Ein Kontroll- und Warnsystem ist mit dem Zwischenraum der beiden Schalen verbunden und meldet akustisch und optisch, z. B. wenn ein Leck im Tank entstanden ist. Das Kontrollgerät befindet sich im Heizungsraum. Häufig ist es gleichzeitig mit einer Ölstandsanzeige kombiniert. Bei einer Störmeldung muß umgehend der zuständige Kundendienst verständigt werden. Die Telefonnummer ist auf dem Gerät aufgedruckt. Der TÜV überprüft alle fünf Jahre den Erdtank und die Alarmeinrichtung auf einwandfreie Funktion.

Der Vorteil des Erdtanks liegt darin, daß die Öllagerung im Keller keinen Platz wegnimmt. Dies bedeutet meist einen zusätzlichen Kellerraum.

Nachteilig können sich bei Erdtanks langanhaltende Kälteperioden mit extremen Minusgraden auswirken. Dann kann sich Heizöl in Parafin umwandeln, welches die Zuleitung und den Filter verstopft. Und dies genau dann, wenn die Heizung am nötigsten gebraucht wird! Mit entsprechenden Zusätzen, die die Fließfähigkeit des Öls bis zu etwa minus 22 Grad garantieren, kann dieser Gefahr entgegengewirkt werden.

3. Heizöltanks im Keller müssen entweder in Auffangbecken stehen, die den Inhalt des Tanks bei einem Leck fassen können, oder der Teil des Raums muß mit

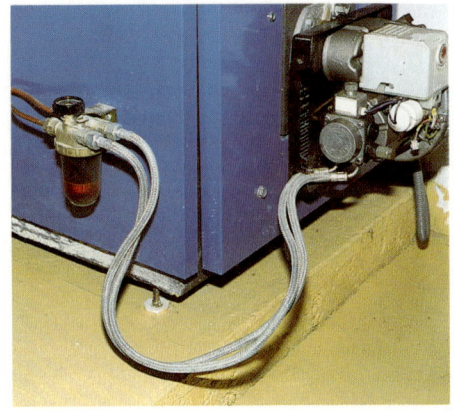

4

5

6

einer Mauer abgegrenzt sein, die wiederum so hoch sein muß, daß das gesamte Öl bei einer Beschädigung des Tanks nicht überlaufen kann. Selbstverständlich darf sich innerhalb dieses Bereichs kein Ablauf befinden.

Kellertanks benötigen viel Platz, haben aber den Vorteil, daß sie billiger sind und das Öl – im Keller vor Frost geschützt – immer die gleiche Fließfähigkeit (Viskosität) besitzt.

4. Vom Tank führt eine Kupferleitung über einen Filter zur Pumpe im Brennergehäuse; eine andere von der Pumpe zurück in den Tank. Die Filterpatrone sollte nach jeder Heizperiode ausgewechselt werden. Die Pumpe saugt das Öl an und preßt es mit ungefähr 10 bar in die Zerstäuberdüse. An einer Stellschraube kann der Betriebsdruck genau eingestellt werden. Überschüssiges Öl wird über die zweite Leitung (Rückflußleitung) in den Tank zurückgeführt. Der eingestellte Druck und die Größe der Düsenöffnung bestimmen die Durchflußmenge des Öls und damit die Heizleistung des Brenners.

5. Dem Brenner wird über ein Gebläse Luft zugeführt. Diese wird im Brennrohr über eine Wirbelscheibe an der Einspritzdüse vorbeigeführt. Die Luftmenge ist regulierbar und muß im richtigen Verhältnis zur eingespritzten Ölmenge stehen. **Die richtige Einstellung von Druck und Luftmenge sollte vom Fachmann durchgeführt werden, da dazu auch besondere Meßgeräte erforderlich sind.**

Vom Kaminkehrer wird die Einstellung der Heizungsanlage jährlich überprüft. Einstellungs- und Reinigungsarbeiten sollten vor der Messung der Abgaswerte vorgenommen werden, da Sie sonst bei Nichteinhaltung der vorgeschriebenen Werte eine neuerliche Überprüfung durch Ihren Kaminkehrer bezahlen müssen!

6. Wenn der Ölbrenner anspringt, geschieht folgendes: Zuerst öffnet sich die Luftklappe, und das Gebläse beginnt zu laufen. Dann wird über einen Hochspannungstrafo an zwei Elektroden im Sprühbereich der Düse ein Lichtbogen erzeugt. Die Pumpe springt an. Dabei wird an der Düse das Öl zerstäubt, und durch den Lichtbogen wird es gezündet.

7. Eine Fotozelle überwacht diesen Vorgang. Registriert sie nach dem Zündvorgang kein Licht (erzeugt durch die Flamme), schaltet sie den Brenner über ein Relais ab; die Störungslampe leuchtet auf.

Sollte ein zwei- oder dreimaliger Versuch, den Brenner durch Betätigung der Starttaste zu zünden, nicht zum Erfolg führen, kann im einfachsten Fall die Fotozelle mit Ruß belegt sein. Nach Abnahme des Gehäuses kann diese herausgezogen und geputzt werden. Die Ursache der Rußbildung muß dann baldmöglichst durch eine Neueinstellung behoben werden. Sollte nach dem Reinigen der Fotozelle die Heizung immer noch nicht zu starten sein, liegt der Fehler in der Ölzufuhr oder im elektrischen Teil der Anlage.

8. Die Einspritzdüse ist nochmals mit einem Filter versehen, entweder aus einem feinmaschigen Sieb oder Sintermetall. Nach dem Auswechseln der Einspritzdüse muß der Brenner neu eingestellt werden, auch wenn eine baugleiche Düse mit den gleichen Nennwerten eingeschraubt wird. Die Differenzen in der Herstellung der Düsenöffnung sind so groß, daß die Öldurchflußmenge entsprechend an den Druck bzw. an die zugeführte Luft angepaßt werden muß.

9. Die Sogwirkung des Kamins würde auch dann, wenn der Brenner nicht in Betrieb ist, Luft aus dem Heizungsraum ansaugen und dadurch den Brennraum abkühlen. Deshalb sind moderne Brenner mit einer hydraulisch gesteuerten Luftklappe ausgestattet, die nur öffnet, wenn der Brenner an ist.

Andere Systeme haben eine thermisch oder motorisch gesteuerte Abgasklappe im Abgasrohr zwischen Heizkessel und Kamin eingebaut. Auch sie verhindert das Auskühlen der Anlage während der Zeit, in der der Brenner nicht in Betrieb ist. Einige Brenner sind mit einer elektrischen Heizölvorwärmung ausgestattet. Diese Einrichtung garantiert eine gleichbleibend hohe Viskosität des Heizöls, unabhängig von der Temperatur im Tank, und damit eine gute Zerstäubung an der Einspritzdüse.

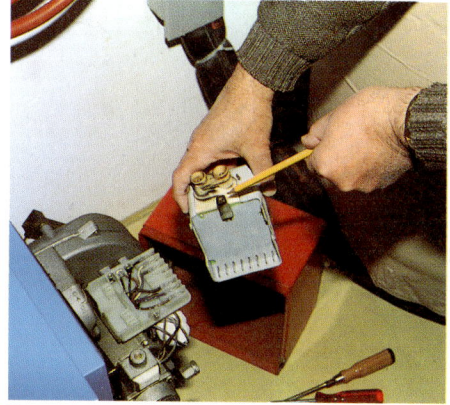

7

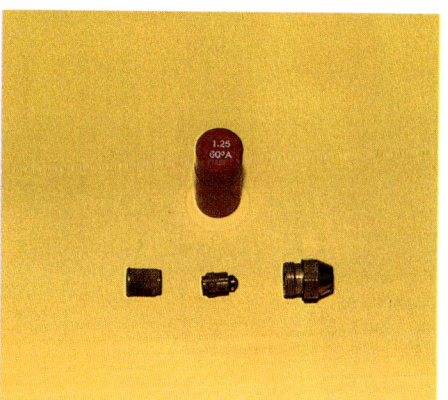

8

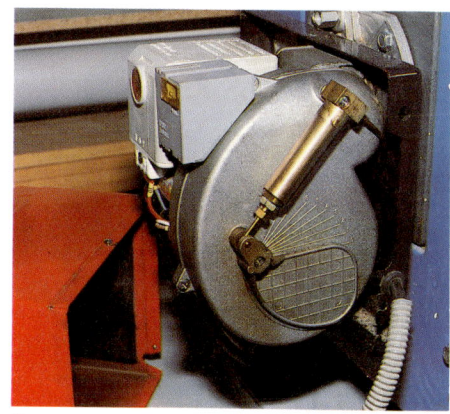

9

1

2

3

Heizkessel und Steuerung der Anlage

1. Im Heizkessel wird die Wärme, die im Brennerraum entsteht, über die Wände an das umgebende Heizungswasser abgegeben. Bei der jährlichen Reinigung des Brennerraums können Sie schon erkennen, ob Ihre Anlage richtig eingestellt ist. Starker Rußbelag deutet auf zu wenig Luftzufuhr für den Brenner hin. Die Rußschicht bildet eine Isolierung der Kesselwände und läßt den Wirkungsgrad Ihrer Anlage rapide abfallen. Starke Schlackeablagerungen entstehen bei Luftüberschuß. Sie sammeln sich meist im unteren Bereich des Brennerraums und bilden nur eine örtlich begrenzte Isolierung. Durch die größere Abgasmenge bei zu viel Luft wird auch mehr Energie durch den Schornstein befördert, so daß der Wirkungsgrad sinkt.

2. Beim Reinigen des Kessels müssen auch die Rauchabzüge mit den passenden Bürsten durchgeputzt werden. Wenn sich in den Abzügen gewellte oder abgewinkelte Blechstreifen befinden, so können Sie diese zum Reinigen herausziehen, nachher aber in gleicher Position wieder einsetzen. Sie dienen der Abgasregulierung und bewirken eine bessere Wärmeausnutzung. Für alle Reinigungsarbeiten im Brennerraum dürfen Sie keine scharfen Werkzeuge benutzen. Besonders bei Niedertemperaturkesseln sind die Wände beschichtet. Der Belag darf nicht beschädigt werden.

Niedertemperaturkessel heizen das Wasser für den Heizungskreislauf nur so weit auf, wie es für den momentanen Wärmebedarf (abhängig von der Außentemperatur) nötig ist. Diese energiesparende Technik wurde erst möglich, nachdem Beschichtungen entwickelt worden sind, die sowohl die hohen Brennertemperaturen aushalten als auch die Brennerraum-

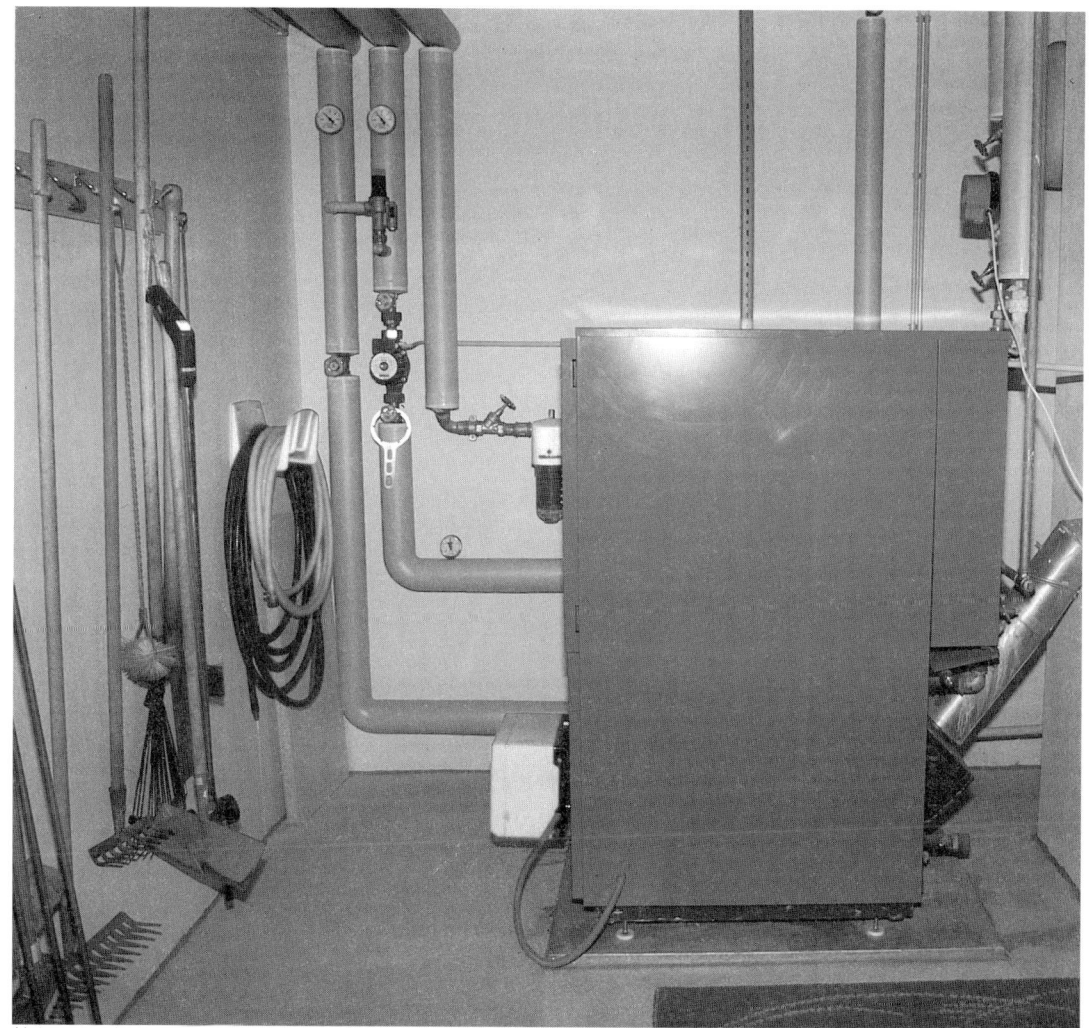

Heizungsanlage

Materialkunde Ölheizung

wände vor Korrosion schützen. Bei niederen Kesseltemperaturen entsteht Schwitzwasser, welches in Zusammenhang mit Schwefel aus dem Heizöl die Kesselwände ohne Beschichtung in kurzer Zeit durchfressen würde.

Ältere Systeme halten die Kesseltemperatur konstant auf etwa 80 Grad. Bei dieser Tempe-

ratur entsteht kein Schwitzwasser mehr, allerdings findet eine Bläschenbildung im Heizungswasser statt. Diese Bläschenbildung kennen wir vom Wasserkochen: noch bevor das Wasser zu kochen beginnt, setzen sich an den Gefäßwänden Gasbläschen ab. Sie beeinträchtigen die Wärmeabgabe an das Wasser.

4

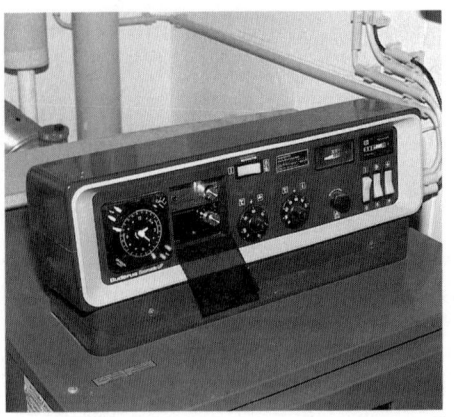

5

6

3. Bei Hochtemperaturkesseln kann das heiße Wasser nicht direkt in den Heizungskreislauf eingespeist werden. Ein Vierwegmischer vermengt das heiße Kesselwasser mit dem kalten Rücklaufwasser aus den Heizkörpern und leitet es in den Vorlauf zu den Heizkörpern. Das überschüssige heiße Wasser wird zusammen mit einem Teil des Rücklaufs zurück in den Kessel geführt. Vierwegmischer können von Hand eingestellt und damit an den jahreszeitlich bedingten Wärmebedarf angepaßt werden. Sie können auch motorisch über eine Regelelektronik (Vorlauf- und Außentemperaturfühler) automatisch angesteuert werden.

4.–5. Es gibt heute kaum noch Anlagen, die per Hand auf die momentanen Erfordernisse eingestellt werden. Zu einer »elektronischen Steuerung« gehören

● der **Außentemperaturfühler;** er paßt die Vorlauftemperatur den tages- und jahreszeitlich veränderten Außentemperaturen an;

● der **Vorlauftemperaturfühler;** er registriert die tatsächliche Vorlauftemperatur;

● die **Schaltuhr** für die Nachtabsenkung; mit ihr können Zeiten geringeren Wärmebedarfs eingestellt werden. Die Vorlauftemperatur ist dann entsprechend niedriger.

Alle Informationen dieser Fühler werden an die Steuereinheit weitergegeben. Hier kann dann auch noch die Grundeinstellung vorgenommen werden: der Wärmebedarf des Hauses (errechnet aus sämtlichen K-Werten des Hauses an Mauern, Decken, Fenstern und Türen) und die Gradzahl der gewünschten Nachtabsenkung. Änderungen an dieser Grundeinstellung können jederzeit vorgenommen werden, um sie den individuellen Bedürfnissen anzupassen. Es dauert jedoch durchschnittlich drei Tage, bis sich die Umstellung im Raumklima bemerkbar macht.

Die Regelelektronik gibt die Informationen bei Hochtemperaturkesseln an den Motor des Vierwegmischers weiter, bei Niedertemperaturkesseln direkt an den Brenner. Weiterhin wird bei Nachtabsenkung die Umwälzpumpe ausgeschaltet. Sie springt erst dann wieder an, wenn eine bestimmte Raumtemperatur unterschritten wird oder der Außentemperaturfühler Minustemperaturen meldet.

6. Gasanlagen, in denen das Heizungswasser in einem Durchlauferhitzer erwärmt wird, sind häufig nur durch einen Raumthermostaten gesteuert. Wenn die Umwälzpumpe dann auch nur arbeitet, wenn der Brenner in Betrieb ist, kann es Probleme geben, die weiteren Räume, in denen sich der Raumthermostat nicht befindet, gleichmäßig zu beheizen.

7. Eine weitere individuelle Anpassung der einzelnen Räume in bezug auf den Wärmebedarf erfolgt durch die heute allgemein üblichen Thermostatventile an den Heizkörpern.

8. Heizkessel und Warmwasserboiler sind meist in einem Gerät vereint. Hierbei befindet sich im unteren Bereich der Heizkessel und darüber der Warmwasserboiler. Diese Anordnung spart Platz und sorgt zugleich für gute Isolierung, da alle Verbindungsrohre und Aggregate kompakt in einem Gehäuse untergebracht sind.

9. Einige Heizungsanlagen haben neben dem Öl-Heizkessel noch einen separaten Kessel für Festbrennstoffe. Dieser ist elektrisch und, was die Rohrleitungen betrifft, direkt mit dem Öl-Heizkessel verbunden. Häufig sind beide Anlagen auch am selben Kamin angeschlossen. Einige technische Einrichtungen sorgen dann dafür, daß beide Kessel nicht zugleich in Betrieb sind: Beim Öffnen der Fülltür für den Festbrennstoffkessel schaltet die Ölheizung automatisch ab. Weiterhin registriert ein Rauchgasthermostat im Abgasrohr, ob der Festbrennstoffkessel in Betrieb ist. Der Heizungswasserstrom wird dann automatisch umgeleitet, so daß die Umwälzpumpe das aufgewärmte Wasser so lange aus dem Festbrennstoffkessel abtransportiert, wie dieser heiß ist. Die Umschaltung auf Ölfeuerung erfolgt nach der Abkühlung automatisch.

Bei allen Arbeiten an der Feuerungsanlage sollte vorher der Notschalter für die Heizung ausgeschaltet werden! Er befindet sich immer außerhalb des Heizraums und ist entsprechend gekennzeichnet.

7

8

9

Materialkunde Ölheizung

1

Heizungsrohre, Armaturen und Geräte

1. Das erwärmte Heizungswasser aus dem Kessel wird durch die Rohrleitungen des Vorlaufs zum Heizkörper transportiert. Dort gibt es die Wärme an die Raumluft ab, das abgekühlte Wasser fließt über den Rücklauf zum Kessel zurück. Dieser Kreislauf wird durch eine elektrische Umwälzpumpe in Gang gehalten. Früher funktionierten die Heizungen nur mit Schwerkraft. Das unterschiedliche Gewicht von kaltem und warmem Wasser hielt den Kreislauf selbsttätig in Gang. Diese Anlagen erforderten große Rohrdurchmesser und damit auch eine große Wassermenge, die erst einmal aufgeheizt werden mußte. Auch reichte der Druck der Schwerkraft nicht aus, um Heizkörper mit Thermostatventilen zu versehen. Moderne Heizungsanlagen mit Steuerungsautomatik sind nur in Verbindung mit einer Umwälzpumpe optimal regelbar.

Wie bei der Brauchwasserversorgung werden auch hier verzinkte Stahl- oder Kupferrohre verwendet. In Heizungsrohren zirkuliert immer das gleiche Wasser. Deshalb sind sie auch nur in geringem Maße von Korrosion und Ablagerungen bedroht. Von außen sind sie sowohl in der Wand als auch freiliegend gut gegen Wärmeverluste isoliert. Somit besteht auch ein äußerer Korrosionsschutz.

2. Aus diesem Grund werden für Heizungsrohre auch kostengünstigere Stahlrohre ohne Verzinkung benutzt. Stahlrohre werden miteinander verschweißt und können nach Erhitzung mit Spezialwerkzeugen gebogen werden. Dadurch entfällt das Gewindeschneiden und das Anbringen von Fittings. Die Schweißnähte, vorausgesetzt, sie sind fachgerecht ausgeführt, sind auf Dauer absolut dicht. Nur an den Anschlußstellen für die Heizkörper, den Kesselanschlüssen und den Rohr-

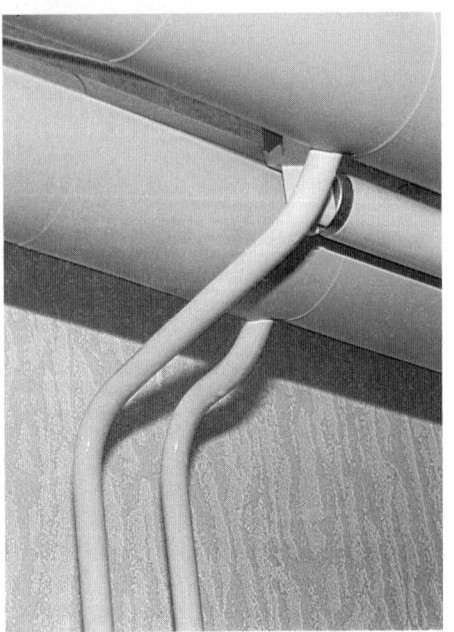

2

armaturen müssen Gewinde aufgedreht werden, damit Fittings sowie Verschraubungen angebracht werden können.

Innerhalb des Heizungskreislaufs sind noch einige Einrichtungen vorhanden, die den reibungslosen Ablauf der Anlage sicherstellen.

3. Die Umwälzpumpe haben wir bereits genannt. Sie ist meist mit Verschraubungen versehen und hat auf beiden Seiten noch Absperrventile vorgesetzt. Dadurch ist ein Auswechseln der Pumpe leicht möglich, auch ohne daß das gesamte Heizungswasser abgelassen werden muß.

4. Ein Manometer zeigt Ihnen an, ob genügend Wasser im Heizungskreislauf vorhanden ist. Der Bereich des erforderlichen Betriebsdrucks ist grün markiert. Ein feststehender roter Zeiger ist auf die Druckobergrenze für Ihr System eingestellt.

Bei Bedarf wird über den Einfüllstutzen Wasser nachgefüllt. Dieser Stutzen befindet sich meist gleich am Heizkessel. Er wird über einen Schlauch mit dem nächsten Wasserhahn verbunden. Nach Öffnen des Hahns am Einfüllstutzen kann dann der Wasserhahn aufgedreht werden, bis der Manometer den gewünschten Druck anzeigt.

5. Wasser dehnt sich bei Erwärmung aus. Da die Wassermenge im Heizungskreislauf immer gleich bleibt, benötigt man ein Ausgleichsgefäß. Hier unterscheiden wir offene und geschlossene Systeme.

6. Aus Sicherheitsgründen ist noch ein Überdruckventil angebracht. Es ist in der Regel auf 3 bar eingestellt (abhängig von der Höhe des Hauses und des maximal zulässigen Betriebsdrucks der Anlage). Wird der eingestellte Druck überschritten, fließt dort Wasser ab. Mündet der Ablauf des Überdruckventils in einen eigenen Ablauf mit Siphon, so sollten Sie diesen von Zeit zu Zeit mit Wasser füllen. Da das Überdruckventil nur sehr selten Wasser abgibt, trocknet das Wasser im Geruchverschluß aus und läßt unangenehme Gerüche aus der Abwasserleitung austreten.

Die Funktion des Vierwegmischers haben wir bereits im vorausgehenden Kapitel »Heizkessel und Steue-

3

4

5

6

7

8

rung der Anlage« (vgl. S. 48) beschrieben. Er ist nur bei Hochtemperaturkesseln und in einer besonderen Ausführung bei Fußbodenheizungen erforderlich. Normale Vierwegmischer werden mit den Zuleitungen nicht verschraubt, sondern angeflanscht. Das heißt: Rohr und Mischer besitzen am Ende einen stabilen Metallring mit mehreren Bohrungen. Durch die Bohrungen werden normale Gewindeschrauben gesteckt und mit Muttern festgezogen. Zwischen den beiden Stößen wird eine Ringdichtung eingelegt, und zwar an allen vier Anschlüssen.

7. Bei Heizungsanlagen ohne Vierwegmischer besteht zwischen Vor- und Rücklaufleitung nach der Umwälzpumpe eine Rohrverbindung mit zwischengeschaltetem Druckminderer. Bei abgedrehten Heizkörpern, auch wenn die Thermostatventile an den Heizkörpern wegen erreichter Raumtemperatur zugemacht haben, kann das Heizungswasser nicht mehr zirkulieren. Trotzdem arbeitet die Umwälzpumpe und baut einen starken Druck in der Vorlaufleitung auf. Dies würde auf Dauer die Umwälzpumpe schädigen. Tritt dieser Fall ein, kann das Wasser über den Druckminderer und die Verbindungsleitung zum Rücklauf fließen und einen »kleinen« Kreislauf aufrechterhalten. Der gewünschte Auslösedruck für diese Umleitung ist am Druckminderer einstellbar.

8. Thermometer im Vor- und Rücklauf zeigen Ihnen an, ob und wieviel Wärme an die Heizkörper abgegeben wurde. Ist bei geöffneten Heizkörperventilen der Unterschied sehr groß, sollten Sie die Drehzahl der Umwälzpumpe erhöhen. Dies ist bei den meisten Pumpen mittels eines Schalters möglich. Wenn weit entfernte Heizkörper nicht richtig warm werden, ist ebenfalls durch Erhöhung der Fördermenge der Umwälzpumpe Abhilfe zu schaffen.

Auch kann es daran liegen, daß der Druckminderer zwischen Vor- und Rücklauf bei zu geringem Druck die »Umleitung« freigibt. Die Druckeinstellung muß dann etwas erhöht werden. Ein Schauglas zeigt Ihnen an, ob das Heizungswasser, zumindest teilweise, über diesen kürzeren Weg fließt.

1

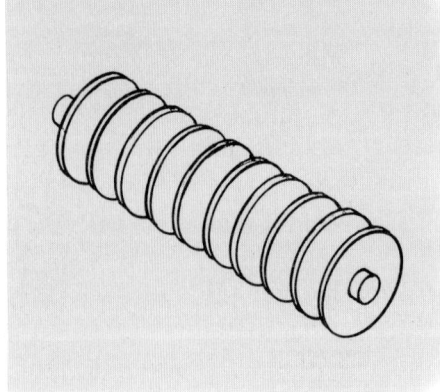

2

3

Heizkörper und Ventile

Die Heizkörper können in Radiatoren und Konvektoren unterteilt werden.

1. Radiatoren bestehen aus einzelnen aneinanderge-reihten Gliedern, die mit Wasser gefüllt sind. Früher bestanden diese Glieder aus Gußeisen, heute werden sie aus Stahl hergestellt. Die einzelnen Elemente sind miteinander verschraubt und können – jedes für sich oder im Block – mit mehreren Gliedern ausgewechselt werden. Radiatoren geben den größten Teil der Wärme an die zirkulierende Luft ab (ca. 1/3 wird als Wärmestrahlung abgegeben).

2. Konvektoren sind kleiner gebaut. Um ein Rohr sind wellenförmig Bleche angeschweißt, die die Temperatur des Wassers im Rohr auf eine große Fläche ableiten. Konvektoren benötigen eine höhere Vorlauftemperatur als Radiatoren.

3. Einen Kompromiß bilden die Flachheizkörper. Sie haben ein geringeres Wasservolumen als die Radiatoren. Auf die Fläche der wasserdurchfluteten Platten sind senkrecht wellenförmige Bleche aufgeschweißt, die die Oberfläche vergrößern. Flachheizkörper eignen sich gut zur Altbausanierung, da sie eine sehr geringe Einbautiefe benötigen und auch ohne Heizkörperni-sche unter Fenstern montiert werden können.

4. Inzwischen sind fast alle Heizkörper mit Thermostatventilen ausgestattet. Sollte dies noch nicht der Fall sein, ist der nachträgliche Einbau problemlos möglich. Bei Heizkörpern, die durch Verkleidungen oder Vorhänge verdeckt sind, könnten die Thermostate wegen des Wärmestaus zu früh abschalten. Für diesen Fall gibt es Thermostatventile mit Fernfühler. Dieser Fühler wird dort angebracht, wo die tatsächliche Raumtemperatur gemessen werden kann.

5. Am Heizkörperventil ist der Vorlauf des Heizungskreislaufs angeschlossen. Entweder am unteren Teil
eines Radiators oder am anderen Ende eines Konvek-
tors befindet sich der Anschluß für den Rücklauf. Es ist
sehr praktisch, wenn der Rücklaufanschluß auch mit
einer Absperreinrichtung versehen ist. Denn einerseits
kann dort die Durchflußmenge nach oben begrenzt
werden, und andererseits erleichtert es den Ausbau
eines Heizkörpers, da dann nicht das gesamte Wasser
der Heizungsanlage abgelassen werden muß, sondern
nur das im Heizkörper.

6. Heizkörperventile und auch die Rücklaufanschlüs-
se sind mit Verschraubungen und konischer Passung
mit dem Heizkörper verbunden. Es ist also keine Ringdichtung vorhanden. Dies hat den Vorteil, daß der
Heizkörper auch dann dicht angeschlossen werden
kann, wenn beide Teile nicht exakt im Winkel aufeinan-
derpassen sollten.

Bei Radiatoren sind die beiden unbelegten Enden der
Rippenverschraubung mit Verschlußschrauben versehen. Bitte beachten Sie, daß diese Endverschraubun-
gen auf der einen Seite ein Rechts- und auf der anderen ein Linksgewinde haben. Dies kann von Bedeu-
tung sein, wenn Sie Ihren Heizkörper verlängern oder
nachträglich ein Entlüftungsventil einsetzen wollen.

Beim Auffüllen der Heizungsanlage muß die Luft in
den Rohren und Heizkörpern abgelassen werden.
Dies geschieht über die Entlüftungsventile an den einzelnen Heizkörpern. Auch beim Nachfüllen kann Luft
mit eintreten. Weiterhin bilden sich während des Betriebs immer wieder Gase, die sich vornehmlich in
den am höchsten gelegenen Heizkörpern sammeln.
Der Heizkörper gibt dann plätschernde Geräusche
von sich oder wird nicht mehr richtig warm. Öffnen Sie
in diesem Fall das Entlüftungsventil mit einem passenden Vierkantschlüssel und warten Sie ab, bis Wasser
austritt. Ein bereitgehaltener Lappen ist meist ausreichend, um das austretende Wasser aufzufangen.
Nach dem Entlüften müssen Sie am Manometer den
Betriebsdruck überprüfen (vgl. auch Grundkurs »Wasser im Heizungskreislauf auffüllen«, S. 67).

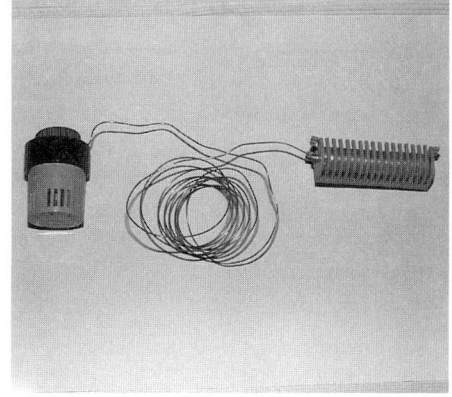

4

5

6

Materialkunde Heizungskreislauf

1

2

3

Rohrlängen bestimmen und Gewinde schneiden

Verzinkte Stahlrohre dürfen wegen des äußeren und inneren Korrosionsschutzes nicht gebogen werden. Alle Richtungsänderungen, Abzweigungen und Anschlüsse müssen mit Gewinden und passenden Fittings hergestellt werden.

Zur Bestimmung der Rohrlänge müssen Sie die Länge abziehen, die durch die Fittings selbst entsteht. Dann rechnen Sie wieder die Gewindelängen dazu, die sich in den Fittings befinden. Die Gewindetiefe können Sie mit einem Meterstab ausreichend genau abmessen. Hilfreich ist es, die Fittings an die Wand zu halten und die Positionen zu markieren. Die erforderliche Rohrlänge kann dann einfach zwischen den Markierungen abgemessen werden.

1. Das Rohr spannen Sie waagrecht in einen kräftigen Schraubstock. Die markierte Abschneidstelle sollte sich dabei nur einige Zentimeter rechts neben den Schraubstockbacken befinden. Dadurch werden unangenehme Vibrationen beim Sägen verhindert.

Die meisten Eisensägeblätter haben die Zahnung auf beiden Seiten. Auch können die Sägeblätter je nach Bedarf in vier verschiedenen Stellungen eingespannt werden. Achten Sie dabei darauf, daß Sie die Sägeblätter immer auf Stoß einsetzen, damit beim Schieben Späne abgenommen werden, nicht beim Ziehen. Eisensägeblätter sind sehr stark gehärtet und deshalb auch sehr spröde. Beim Verkanten brechen sehr leicht Zacken aus. Das Blatt muß dann erneuert werden.

2. Eine saubere und gerade Schnittstelle erreichen Sie am besten, wenn Sie den Spannbügel unterhalb der Schnittstelle positionieren. Das Rohr befindet sich dann zwischen Sägeblatt und Bügel. Ziehen Sie beim Sägen gleichmäßig und über die gesamte Länge das

Sägeblatt durch. Dabei halten Sie die Säge mit der rechten Hand am Griff und führen sie mit der linken am anderen Ende (bei Linkshändern umgekehrt!).

3. Beim Sägen entstehen immer scharfe Grate. Sie müssen nicht nur wegen der Verletzungsgefahr entfernt werden. Die Grate im Inneren des Rohrs beeinträchtigen den Durchfluß und können Schmutzteile festhalten. Außen erschweren sie das Anschneiden des Gewindes. Das Entgraten führen Sie mit einer Feile durch, die auf einer Seite abgerundet und auf der anderen flach ist. Sollte Ihr Schnitt nicht völlig gerade geworden sein, können Sie diesen auch noch mit der Feile nacharbeiten. Ein leichtes Anfasen an der Außenkante erleichtert das Anschneiden des Gewindes.

4

4. Rohre werden immer mit Außengewinde versehen. Dazu benutzen Sie eine Schneidkluppe, eine Ratsche für Rechts- und Linksdrehung, und zwar entweder mit auswechselbaren Gewindeschneideinsätzen oder mit verstellbaren Schneidbacken. Die Gewindegröße wird in Zoll angegeben und richtet sich nicht nach dem tatsächlichen Durchmesser, sondern nach der Bezeichnung für den Rohrdurchmesser. Schneidkluppen sind sehr teure Werkzeuge. Falls Sie sie nur selten benötigen, ist es günstiger, sich diese gegen entsprechende Gebühr auszuleihen.

5. Der Fachmann benutzt beim Gewindeschneiden keinen normalen Schraubstock, sondern ein Spanngerät mit eingekerbten Spannbacken. Der Spanndruck wird dadurch an vier Stellen auf das Rohr gebracht und nicht nur an zwei, wie beim normalen Schraubstock. Beim Gewindeschneiden werden besonders bei großen Durchmessern sehr hohe Drehmomente wirksam. In einem normalen Schraubstock muß dann das Rohr so stark eingespannt werden, daß es sich verformen kann. Bei kleineren Durchmessern (1/2") können Sie sich aber mit etwas Gefühl auch mit einem Schraubstock behelfen. Es gibt für Schraubstöcke eingekerbte Vorspannbacken, die das schonende und sichere Einspannen von Rohren ermöglichen.

5

6. Zum Schneiden des Gewindes stellen Sie die Ratsche auf »Rechts« und stülpen sie über das Rohrende.

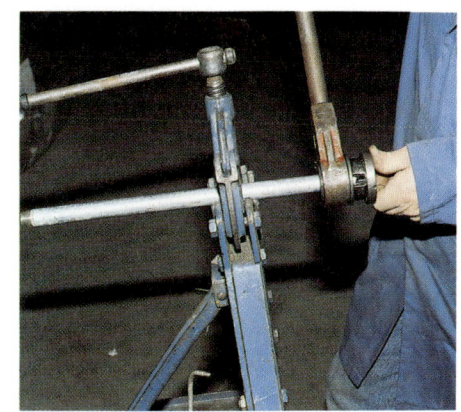

6

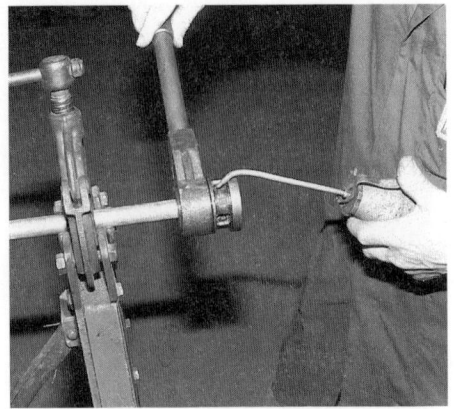

7

8

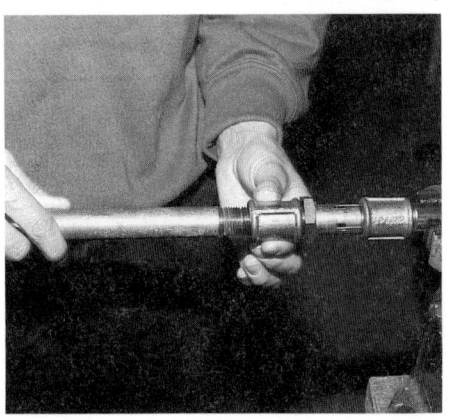

9

Rohraußengewinde, die sogenannten »Withworth-Rohrgewinde«, verlaufen leicht kegelig. Deshalb muß die Schneidkluppe auch immer von der Seite aufgesetzt werden, an der sich zuerst die Rohrführung und dann die Schneidbacken befinden. Betätigen Sie nun den Hebelarm, während Sie mit der anderen Hand leicht gegen den Schneidkopf drücken. Wenn auf diese Weise die ersten Gewindegänge geschnitten sind, brauchen Sie nicht mehr andrücken, sondern nur noch den Hebel betätigen, der dann zunehmend schwerer zu bewegen ist.

7. Während des Schneidens muß hin und wieder »Schneidöl« an die Schnittstelle aufgebracht werden. Verwenden Sie jedoch nur giftfreies Öl, das für Trinkwasserinstallationen zugelassen ist.

Nachdem das Gewinde in der richtigen Länge aufgedreht worden ist, stellen Sie die Ratsche auf »Links« und drehen den Schneidkopf in umgekehrter Richtung wieder ab. Sollte sich beim Abdrehen ein Widerstand ergeben, sind Späne im Weg. Drehen Sie dann nicht mit Gewalt weiter, sondern stellen Sie nochmals für eine Rechtsdrehung um und dann wieder zurück.

8. Bei Rohrgewindeverbindungen lassen sich immer nur Endstücke herausschrauben. Deshalb benutzt man bei Armaturen und Geräten im Rohrleitungsnetz Verschraubungen oder Flanschverbindungen mit eingesetzter Ringdichtung.

9. Eine weitere Möglichkeit, die sich besonders bei Reparaturen innerhalb des Leitungsnetzes anbietet, ist das Langgewinde. Auf das Ende des einen Rohrs wird dann ein normales kegeliges Gewinde geschnitten, auf das Ende des anzuschließenden Rohrs ein zylindrisches Langgewinde. Auf dieses Langgewinde wird nach Aufbringen der Abdichtung (einhanfen) eine Muffe auf die ganze Länge aufgeschraubt. Das Gewinde auf der Gegenseite wird ebenfalls mit Dichtungsmaterial versehen und die beiden Rohrenden stumpf aneinandergesetzt. Dann wird die Muffe so weit zurück und auf das anzuschließende Rohr gedreht, daß es zur Hälfte auf beiden Rohren sitzt. Ein Konterring auf der Langgewindeseite trägt zusätzlich zur Abdichtung bei.

Gewinde-
verbindungen
abdichten

Rohr- wie Außengewinde von Armaturen müssen vor dem Verschrauben mit den Fittings mit Dichtungsmitteln belegt werden. Das älteste und immer noch bewährte Mittel ist Hanf.

1. Bevor Sie Hanf oder auch Dichtungsbänder aufbringen, muß das Gewinde aufgerauht werden. Dazu benutzen Sie am besten ein altes Eisensägeblatt. Mit diesem fahren Sie quer über die Gewindegänge und mehrere Male über den gesamten Umfang des Gewindes. Dadurch wird verhindert, daß sich das Dichtungsmaterial beim Einschrauben zurückdreht und nicht zwischen Außen- und Innengewinde gelangt.

2. Die Hanffäden werden in einem kleinen Bündel aus dem »Zopf« gezogen und beginnend am Anfang des Rohrs (Gewinde) gleichmäßig rechts herum (dem Gewindeverlauf nach) aufgewickelt. Hanf ist ein Naturprodukt, das den Vorteil hat, daß es sich bei Feuchtigkeit ausdehnt. Diese Eigenschaft hat sich besonders bei Wasserinstallationen bewährt. Hanf dichtet also bei Wasserleitungen durch Quellung immer mehr ab.

Trotzdem streicht man heute zusätzlich noch eine Dichtungspaste über die aufgewickelten Hanffäden. Dadurch läßt sich das Gewinde auch leichter eindrehen. Ein Tropfen Öl oder Fett (giftfrei!) erfüllen den gleichen Zweck. Es gibt auch Dichtpasten, die ohne Hanf die Verschraubung sicher abdichten.

3. Als Alternative wird heute das leicht zu verarbeitende Dichtungsband aus Weichplastik verwendet. Es wird wie Hanf rechts um das abzudichtende Gewinde gewickelt. Der Nachteil von Dichtungsbändern besteht darin, daß die Verbindung nach dem Einschrauben nicht mehr bewegt werden soll und eine nachträgliche Korrektur nicht mehr möglich ist.

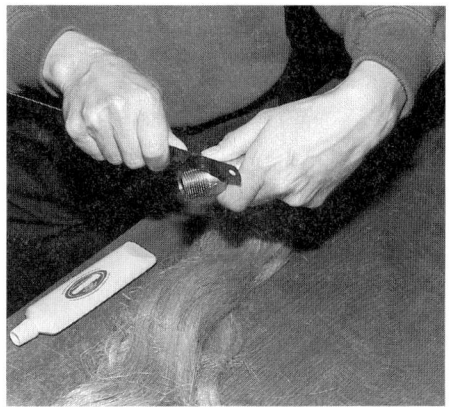

1

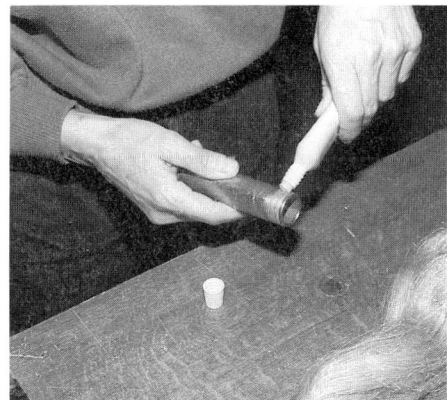

2

3

Grundkurse

1

2

3

Kupferrohre abschneiden und verlöten

Kupferrohre in weicher Ausführung werden in Rollen geliefert und sind bis zu einem gewissen Grad biegbar. Dadurch muß nicht jede Richtungsänderung durch ein Fitting vorgenommen werden.

1. Sie können Kupferrohre mit einer Eisensäge trennen. Dazu spannen Sie diese am besten in einen Schraubstock ein. Beim Einspannen müssen Sie jedoch sehr behutsam vorgehen, da das weiche Kupfer leicht verformbar ist. Danach muß die Schnittstelle außen und innen entgratet werden. Bei Rohrmaterial mit PVC-Stegmantel muß dieser etwa 10 cm weit mit einem Messer abgeschnitten werden, da er sonst beim Verlöten verschmort oder zu brennen beginnt.

2. Besonders saubere Schnittstellen bekommen Sie mit einem Rohrabschneider. Auch Stahlrohre können mit einem Rohrabschneider getrennt werden, jedoch brauchen Sie dort eine besonders starke Ausführung. Zum Schneiden bringen Sie das Stahlrädchen an die Schnittstelle und drehen die Spindel so weit herein, daß ein spürbarer Widerstand entsteht. Dann drehen Sie den Rohrabschneider einmal um das Rohr. Danach spannen Sie die Spindel etwas nach und bewegen das Werkzeug wiederum um das Rohr. Diesen Vorgang wiederholen Sie so lange, bis das Rohr getrennt ist.

3. Meist ist in diesen Geräten im Griff ein Entgrater eingebaut, der auf die Schnittstelle gesetzt und gedreht wird. Außen- und Innenklingen entgraten das Rohr in einem Arbeitsgang auf allen Seiten.

4. Vor dem Weichlöten muß das Rohrende und die Innenseite des Fittings gründlich mit Stahlwolle gereinigt werden. Sich schnell bildende Oxidschichten würden eine einwandfreie Verbindung zwischen Lot und Kupfer verhindern. Danach tragen Sie auf die Lötstelle ein für Weichlötung geeignetes Flußmittel auf (Lötfett). Es beseitigt feinste Oxidschichten und verhindert die Bildung neuer Schichten bei der Erwärmung.

Das Rohr oder die Rohre werden nun mit dem Fitting zusammengesteckt. Zwischen dem Rohraußen- und dem Fittinginnendurchmesser verbleibt ein »Kapillarspalt« von 0,02 bis 0,3 mm.

5. Mit einer Lötlampe (Propan-Luft-Brenner) erwärmen Sie nun Rohr und Fitting gleichzeitig, so weit wie möglich auch rundherum. Wenn leichte Wölkchen aufsteigen, verdampft ein Teil des Flußmittels, damit ist die Arbeitstemperatur fast erreicht. Lassen Sie noch etwas Zeit verstreichen und nehmen dann den Brenner von der Lötstelle weg.

6. Halten Sie nun sofort den Lötdraht an die Steckstelle. Das Lötzinn muß jetzt in den Kapillarschlitz »eingesogen« werden. Diese Kapillarwirkung funktioniert auch, wenn das Lot bei senkrecht angebrachten Rohren nach oben fließen muß. Ist dies noch nicht der Fall, müssen Sie die Flamme noch einmal eine Weile auf die Lötstelle halten. Überhitzung würde jedoch das Material »ausbrennen«. Wenn sich an der Lötstelle äußerlich sichtbar ein geschlossener Lötring zeigt, haben Sie genügend Lot zugeführt. Mehrere Lötstellen an einem Fitting sollen, wenn möglich, in einem Arbeitsgang verlötet werden.

Bevor die Lötstelle bewegt wird, muß sie gut abgekühlt sein. Das Lötzinn verliert beim Übergang vom flüssigen in den festen Zustand seinen Glanz. Bald danach ist die Verbindung belastbar. Überschüssiges Flußmittel wird mit einem Lappen abgewischt.

Neben dem »Weichlöten« können Kupferrohre auch »hartgelötet« werden. Dazu benötigen Sie jedoch höhere Arbeitstemperaturen, die nur mit einem Azetylen-Sauerstoff- oder einem Propan-Sauerstoff-Brenner erreicht werden. Außerdem müssen dann völlig andere silberhaltige Lote und dazu passende Flußmittel verwendet werden. Die Abfolge der einzelnen Arbeitsschritte ist beim »Hartlöten« die gleiche wie beim »Weichlöten«.

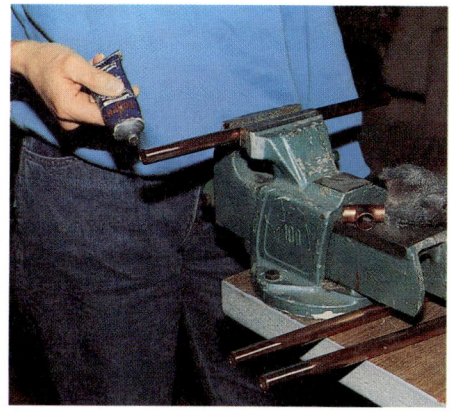
4

5

6

1

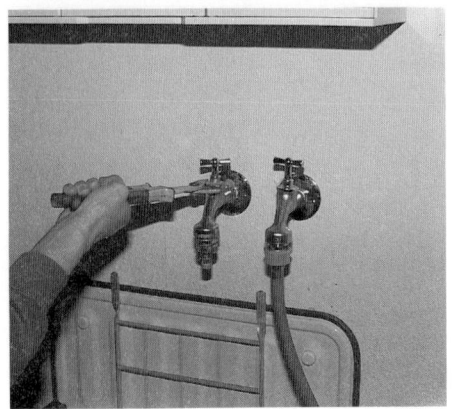

2

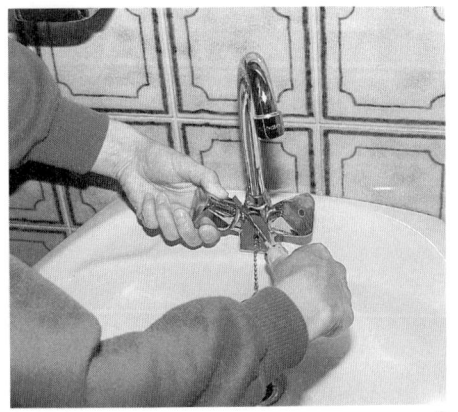

3

Gummidichtungen auswechseln

Die in Haushalten wohl am häufigsten durchzuführende Reparatur ist das Abdichten tropfender Wasserhähne. Dabei ist, unabhängig von der Form der Armatur, das Prinzip immer das gleiche: Eine Gummidichtung wird mittels einer Spindel gegen den Ventilsitz gepreßt und dichtet ab. Etwas anders gebaut sind nur die Einhand-Mischbatterien (vgl. S. 92).

Ursache für eine lecke Stelle ist in den meisten Fällen nicht eine überalterte und spröde Dichtung, sondern kleine Schmutzteilchen (Sand, Kalk, Metallspäne) aus dem Leitungsnetz, die sich im Gummi eingedrückt haben. Bei nur leicht aufgedrehtem Ventil verklemmen sich diese Teilchen zwischen Ventilsitz und Dichtung. Beim Zudrehen werden sie in das Gummi gedrückt und bleiben beim Öffnen dort haften.

1. Zur Reparatur muß in jedem Fall das Oberteil des Ventils abgeschraubt werden. Vorher müssen Sie das Wasser entweder am Eck-, am Absperrventil der Steigleitung oder am Haupthahn abdrehen. Wählen Sie aber immer die dem zu reparierenden Ventil nächstliegende Absperrmöglichkeit. Dann drehen Sie den Hahn auf. Wenn Sie an einem der Hauptleitungen absperren mußten und Ihre Installation über einen Rohrbe- und -entlüfter verfügt, läuft noch das Wasser aus der Leitung bis zur Höhe des Anschlusses.

2. Bei einfachen Wasserhähnen greifen Sie das Oberteil direkt mit einer Wasserpumpenzange oder einem Schraubenschlüssel und drehen es heraus.

3. Die meisten Armaturen haben jedoch unterschiedlich geformte Griffe, die erst entfernt werden müssen, bevor der Sechskant zum Lösen des Oberteils zugänglich wird. Einige Griffe sind nur auf die Spindel gesteckt und einfach abzuziehen.

4. Andere Griffe sind mit der Spindel verschraubt. Die Schraube sitzt dann unter der blauen bzw. roten Plastikmarkierung oder einer größeren Abdeckblende. Nach Entfernen dieser Abdeckung drehen Sie mit einem Schraubenzieher die nun sichtbare Schraube heraus. Jetzt können Sie den Griff abziehen und mit einer Wasserpumpenzange das Oberteil abschrauben.

5. Bei Hähnen mit Rückflußverhinderer haben Sie nun gleich drei Teile in der Hand: das Oberteil mit der Spindel, eine Spiralfeder und einen Steckbolzen mit aufgeschraubter Dichtung. Bei normalen Ventilen sitzt die Dichtung direkt auf dem Ende der Spindel oder an einer als Sechskant geführten Hülse mit dem Gegengewinde zur Spindel.

6. Überprüfen Sie die Dichtung auf irgendwelche eingedrückte Fremdkörper. Sollten Sie fündig werden, entfernen Sie die Teilchen vorsichtig mit einem spitzen Gegenstand. Ist das Gummi weiter nicht beschädigt und auch noch elastisch, brauchen Sie die Dichtung nicht auszuwechseln. Andernfalls lösen Sie die kleine Mutter und hebeln die alte Dichtung mit einem Schraubenzieher ab. Manchmal sitzt die Dichtung auch mit einer seitlichen Führung in einer »Pfanne«. Dann brauchen Sie einen spitzen Gegenstand, um die Dichtung aus ihrem Sitz zu bringen. Setzen Sie nun die neue Dichtung auf und schrauben die Mutter wieder auf das Gewinde, bis Sie einen mäßigen Widerstand spüren. Sollten Sie keine passende Dichtung zur Hand haben, drehen Sie vorübergehend die alte um.

7. Vor dem Zusammenbau in umgekehrter Reihenfolge sollten Sie noch das Spindelgewebe und andere bewegliche Teile mit Armaturenfett einstreichen. Dies ist besonders dann erforderlich, wenn der Hahn sich schwer bewegen läßt oder sogar klemmt. Auch wenn an der Spindel bei geöffnetem Hahn Wasser austritt, kann dies durch Einfetten oft behoben werden. Das Oberteil selbst hat an der Verschraubung eine Ringdichtung. Ist sie beim Abdrehen beschädigt worden, muß auch sie ausgewechselt werden. Beim Zusammenbau muß sich die Spindel unbedingt in geöffneter Stellung befinden!

4

5

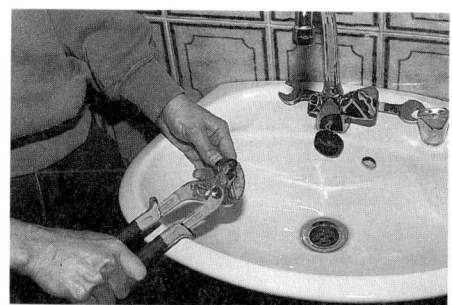

6

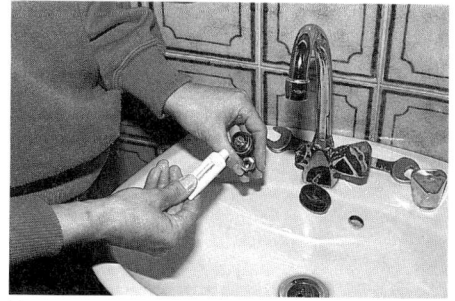

7

1

2

3

Ventilsitz nachfräsen

Wenn das Auswechseln der Dichtung nicht zum Erfolg geführt hat, kann es sein, daß der Ventilsitz selbst Unebenheiten oder Vertiefungen aufweist, die durch die Gummidichtung nicht mehr ausgeglichen werden können. Dies kommt bei Markenfabrikaten selten vor.

1. Für die Behebung dieses Fehlers benötigen Sie einen Ventilsitzfräser. In professioneller Ausführung kostet dieses Werkzeug etwa 80 DM. Es ist einsetzbar bei Armaturen mit einem Oberteilgewinde von 3/8" bis 1" und hat auswechselbare Fräsköpfe.

2. Entfernen Sie das Oberteil der Armatur wie beim Wechseln der Dichtung. Mit dem Finger können Sie über den Ventilsitz fahren und in den meisten Fällen Unebenheiten ertasten. Ist dies der Fall, schrauben Sie den für den Durchmesser des Ventilsitzes passenden Fräskopf auf das Werkzeug und schrauben es mit dem richtigen Gewinde wie das Oberteil in die Armatur ein. Hierbei sollte die Rändelschraube für die Andruckfeder völlig gelöst sein. Nun drehen Sie die Schraube für die Andruckfeder wieder so weit herein, daß ein spürbarer Druck auf den Fräskopf entsteht.

3. Beim Drehen des Fräsers im Uhrzeigersinn wird der Ventilsitz geebnet. Wichtig ist, daß Sie bei der letzten Drehung den Fräser gleichzeitig gegen den Federdruck anheben. Dadurch bleiben keine Späne auf dem Ventilsitz stehen, die sonst wieder undichte Stellen verursachen. Danach soll der Fräskopf nicht mehr bewegt werden. Nach dem Herausdrehen überprüfen Sie den Ventilsitz mit dem Finger. Gegebenenfalls muß der Vorgang nochmals wiederholt werden. Wenn das Oberteil in geöffnetem Zustand wieder montiert ist, müssen Sie gut durchspülen lassen, damit alle Metallspäne ausgeschwemmt werden.

Wasser im Heizungskreislauf auffüllen

Hin und wieder müssen Sie Ihren Heizungskreislauf nachfüllen. Bei offenen Systemen ist dies wegen der Verdunstung häufiger der Fall als bei geschlossenen. Aber auch die kleinste undichte Stelle führt im Laufe der Zeit zu Wasserverlusten und damit zu Druckabfall im System. Ebenso müssen Sie nach Reparaturen an Heizkörpern und Geräten im Heizungskreislauf immer Wasser nachfüllen, da bei fast allen Arbeiten Wasser abgelassen werden muß.

1. Wann Ihr System aufgefüllt werden muß, erkennen Sie am Manometer. Ist die Anzeige in die Nähe des niedrigsten zulässigen Betriebsdrucks gesunken, müssen Sie auffüllen. Bei normalen Anlagen liegt dieser bei 1 bar. Aufgefüllt werden darf nur bei abgestellter Heizung und abgekühltem Kessel. Andernfalls könnten durch das einströmende kalte Wasser Temperaturspannungen entstehen, die Schäden zur Folge haben.

2. Im unteren Bereich Ihres Heizkessels (meist an der Rückseite) befindet sich ein Absperrhahn, der mit einem Deckel gegen Auslaufen gesichert ist.

3. Entfernen Sie diesen Deckel und schrauben dafür den Auffüllschlauch an. Das andere Ende verschrauben Sie mit dem dafür vorgesehenen Wasserhahn. Eine direkte Rohrverbindung mit dem Trinkwassernetz an Stelle des Schlauchs ist nicht zulässig. Ist das Absperrventil aber undicht, füllt sich das System laufend nach, weil es sich immer unter dem Druck befindet, bei dem das Sicherheitsventil aufmacht. Ältere Anlagen mit direktem Rohranschluß haben deshalb zwei Absperrventile hintereinander.

4. Bewegen Sie nun den Hahn am Kessel genau um eine Vierteldrehung. Hierzu benötigen Sie einen ent-

1

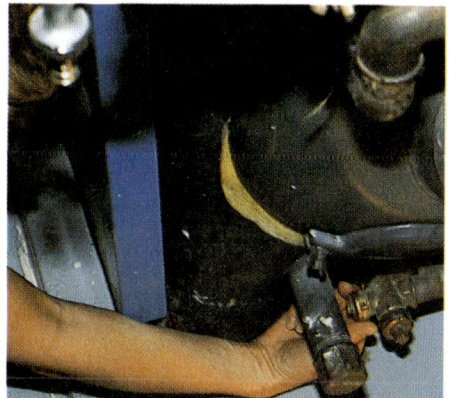

2

3

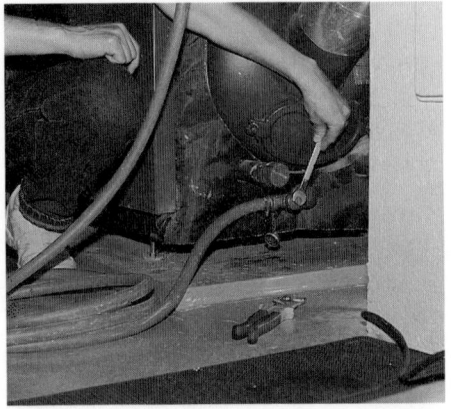

4

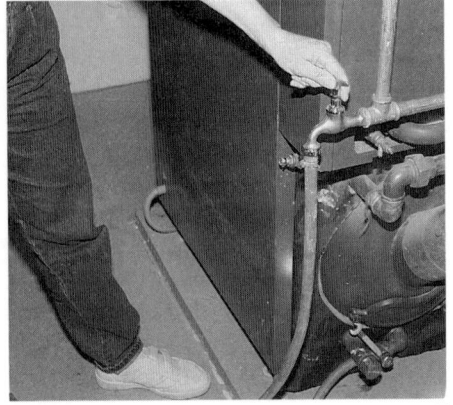

5

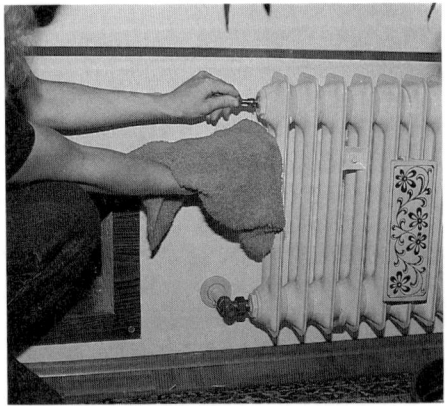

6

sprechenden Vierkantschlüssel oder eine Zange. Die Stellung »offen« und »geschlossen« ist auf dem Vierkant durch einen Strich markiert.

5. Wenn Sie vermeiden wollen, daß die Luft im Schlauch in das System gedrückt wird, lösen Sie die Schlauchverschraubung am Wasserhahn leicht. Die Luft strömt dann aus. Sobald Wasser austritt, drehen Sie wieder fest an.

Nun öffnen Sie den Wasserhahn und beobachten am Manometer den Druckanstieg. Bei Erreichen der gewünschten Markierung drehen Sie den Wasserhahn wieder ab.

6. Sollte das Heizungswasser vorher ganz oder teilweise abgelassen worden sein, müssen die Heizkörper und in einigen Fällen auch bestimmte Rohrabschnitte entlüftet werden. Dazu werden die Entlüftungsventile an den Heizkörpern geöffnet, bis das Wasser ausströmt. Danach muß wieder Wasser nachgefüllt werden. Bei einem völlig entleerten System kann dies einige Male der Fall sein. Leichter geht diese Arbeit zu zweit.

Zum Schluß wird zuerst der Wasserhahn abgedreht, dann der Absperrhahn am Heizkessel um eine Vierteldrehung bewegt, egal in welche Richtung. Danach schrauben Sie den Schlauch wieder ab. Achten Sie darauf, daß er voll Wasser ist. Halten Sie eventuell ein Auffanggefäß und einen Lappen bereit.

Sollte der Absperrhahn am Kessel nicht ganz dicht schließen, ziehen Sie die Überwurfmutter um den Vierkant etwas nach, jedoch nicht zu fest, da sich sonst der Hahn nicht mehr bewegen läßt. Danach schrauben Sie den Verschlußdeckel wieder auf.

Auch der Heizkessel hat ein Entlüftungsventil. War beim Auffüllen noch Luft im Schlauch, ist diese nun im Kessel. Vergessen Sie also nicht, nach dem Auffüllen auch das Entlüftungsventil des Heizkessels zu öffnen, um die eventuell darin befindliche Luft abzulassen. Heizkörper, die kein Entlüftungsventil besitzen, können Sie bei Bedarf (plätscherndes Geräusch!) auch dadurch entlüften, daß Sie die Verschraubung des Heizkörperventils leicht lösen.

Wasser aus dem Heizungskreislauf ablassen

Bei Reparaturen an der Heizung (z. B. das Auswechseln von normalen Heizkörperventilen gegen Thermostatventile) muß das Wasser aus dem Heizungskreislauf abgelassen werden. Es gibt auch die Methode der Vereisung. Dabei wird durch Vergasen von flüssigem Stickstoff das Wasser in den Rohren vor und hinter der Reparaturstelle eingefroren. Selbst Schweißarbeiten sind in der Nähe der so »abgeriegelten« Rohrstelle möglich. Für den Heimwerker steht dieses Gerät wohl kaum zur Verfügung.

1. Zum Ablassen des Heizungswassers schließen Sie genau wie beim Auffüllen den Schlauch am Ablaßventil des Kessels an. Das andere Ende leiten Sie jedoch in den nächsten Ablauf. Achtung: Wasser aus dem Heizungskreislauf ist dreckig und riecht faulig.

2. Bewegen Sie nun den Absperrhahn um eine Vierteldrehung. Das Wasser strömt aus, jedoch nur so lange, bis der Druck abgefallen ist. Jetzt werden die Entlüftungsventile an den Heizkörpern geöffnet. Die Heizkörperventile sollen ebenfalls geöffnet sein. Beginnen Sie mit dem Belüften immer an den am höchsten gelegenen Heizkörpern.

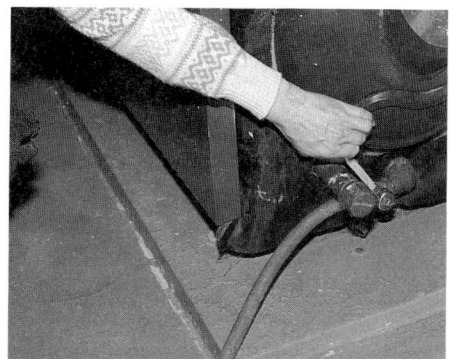

Offene Systeme (mit Ausgleichsbehälter unter dem Dach) laufen in der Regel auch ohne Belüftung der Heizkörper leer, da die Luft über den Überlauf des Ausgleichsgefäßes einströmen kann.

3. Heizkörper, die auf der gleichen Ebene oder sogar tiefer liegen als der Heizkessel, müssen extra abgelassen werden. Dazu befindet sich im unteren Bereich des Heizkörpers ein eigenes Ablaßventil. Das Wasser, welches hier abgelassen wird, ist besonders schwarz! Legen Sie vorsichtshalber etwas unter, denn Flecken auf dem Teppich sind kaum wieder zu entfernen.

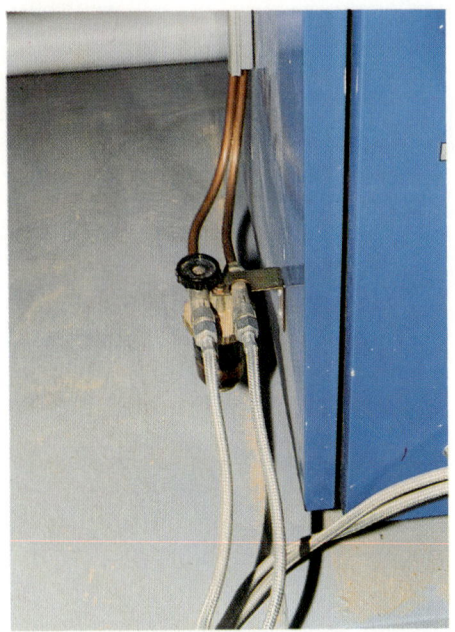

1

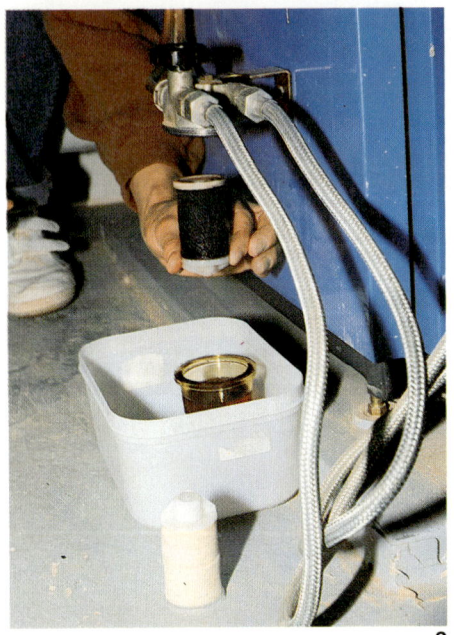

2

Ölfilter wechseln und Brenner von außen reinigen

Material
Ölfiltereinsatz.

Werkzeug

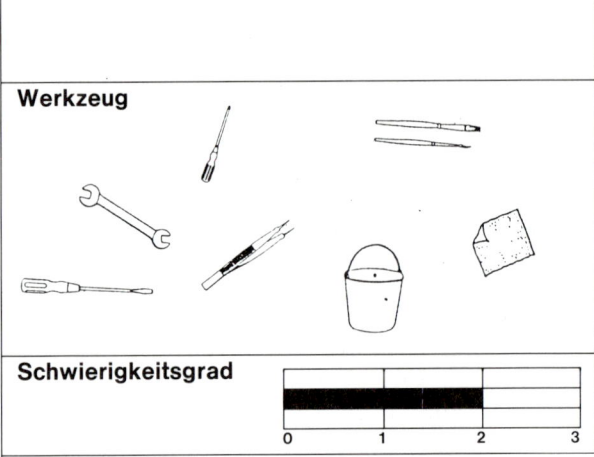

Schwierigkeitsgrad

0	1	2	3

Kraftaufwand

0	1	2	3

Arbeitszeit
Für diesen Arbeitsvorgang sollten Sie etwa 30 Minuten einplanen.

Ersparnis
Durch Eigenleistung sparen Sie ungefähr 90 DM.

Nach jeder Heizperiode und am besten noch vor der Abgasmessung durch den Kaminkehrer soll die Ölheizung gereinigt werden.

Arbeitsanleitung

1. Am Heizölfilter sind meist vier Leitungen angeschraubt: Zwei Kupferleitungen für den Vor- und Rücklauf, die vom Tank kommen, und zwei metallverstärkte Schläuche (ebenfalls Vor- und Rücklauf), die zum Brenner führen. Sollten Sie einmal die gesamte Filtereinrichtung auswechseln, dürfen die Anschlüsse nicht vertauscht werden. Der Vorlauf aus dem Tank wird so angeschlossen, daß das Absperrventil das Öl vor Eintritt in das Filterglas zurückhalten kann. Den Vorlaufschlauch für den Brenner schrauben Sie gegenüber an. Das gereinigte Öl wird hier aus dem Kern des Filters weitergeleitet. Schmutzteilchen setzen sich also außen am Filter ab, so daß eine Verschmutzung auch durch das Schauglas zu erkennen ist. Die beiden Rücklaufleitungen (Schlauch vom Brenner und Kupferleitung zum Tank) haben mit dem Filter selbst nichts mehr zu tun. Sie werden nur als Montagehilfe mit am Filtergehäuse durchgehend angeschlossen.

Zum Wechseln der Filterpatrone schalten Sie zuerst immer die Heizung am Hauptschalter aus, damit sie nicht während der unterbrochenen Ölzufuhr anspringen kann. Dann schließen Sie das Zulaufventil.

2. Mit der Hand, wenn nötig zusätzlich mit einem Lappen, wird das Schauglas abgeschraubt und mit dem Öl in eine untergestellte Schüssel gelegt. Genauso wird die Filterpatrone mit einer Drehbewegung gelöst und in die Schüssel gelegt.

3. Schrauben Sie nun die neue Filterpatrone ein. Das Schauglas wischen Sie mit einem Lappen ab, so daß innen keine Schmutzteilchen mehr vorhanden sind.

Wiederum nur mit der Hand und nicht mit einer Zange wird das Schauglas erneut aufgeschraubt. Danach öffnen Sie das Absperrventil und schalten die Heizung wieder an. Das in der Schüssel aufgefangene Öl aus dem Schauglas und die alte Filterpatrone müssen genauso separat entsorgt werden wie Altöl und Filter nach dem Ölwechsel beim Auto.

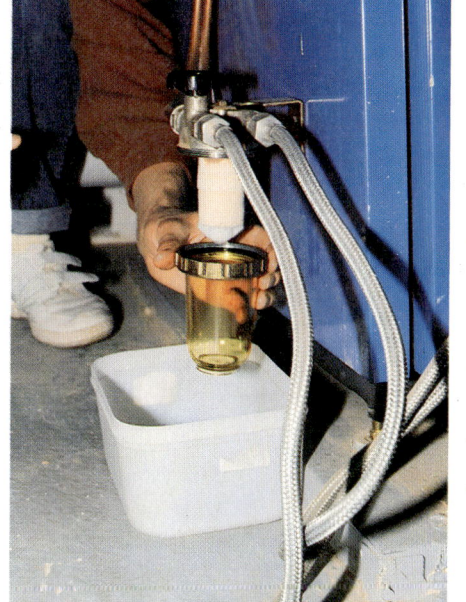

3

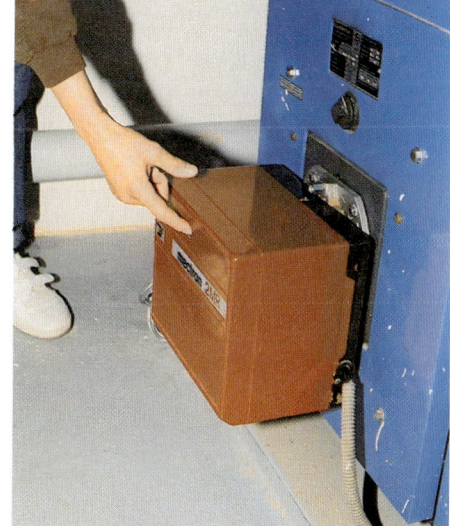

4

5

6

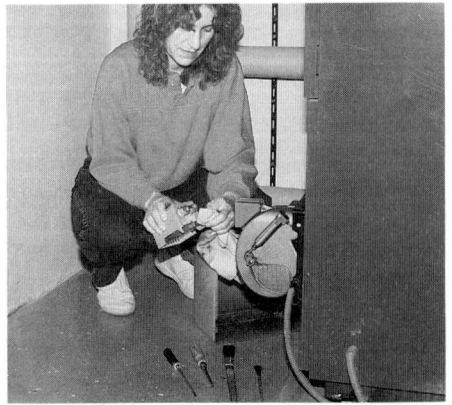

7

Stellen Sie nun Ihre Heizung an der Steuerung so ein, daß sie anspringen muß. Sie wird nach kurzer Zeit wieder ausschalten und eine Störung anzeigen. Dies liegt daran, daß sich im Filter nach dem Wechseln noch kein Öl befindet und durch die Pumpe erst neu angesogen werden muß. Die Fotozelle im Brenner meldet dann, daß die Flamme erloschen ist und schaltet auf Störung.

4. Drücken Sie nun die Starttaste am Brenner. Dieser versucht dann neu anzuspringen und schaltet gegebenenfalls nach einer gewissen Zeit wieder aus. Nach zwei oder drei Startversuchen muß sich das System selbst entlüftet haben, und der Brenner kann wieder ohne Störung laufen.

Wenn Sie mit der Reinigung des Brenners fortfahren wollen, können Sie den Entlüftungsvorgang auch nach Beendigung dieser Arbeit vornehmen.

5. Nachdem Sie die entsprechenden Schrauben gelöst haben, entfernen Sie die äußere Abdeckung des Brenners. **Der Hauptschalter muß wiederum ausgeschaltet sein!** Denn unter der Abdeckung befindet sich auch ein Hochspannungstransformator für die Zündung. Bei Berührung dieser stromführenden Teile könnten Sie sonst einen tödlichen Schlag erleiden.

6. Der Brenner saugt über das Gebläse große Mengen Luft an und damit auch Staub und Flusen. Diese müssen mit Pinsel, Pinzette und Staubsauger sorgfältig entfernt werden. Nach Abschrauben der Abdeckung für das Gebläse kann auch das Turbinenrad von Staubteilchen befreit werden. Bei allen Reinigungsarbeiten darf auf keinen Fall die Einstellung der Luftansaugöffnung verstellt werden. Ebenfalls darf an der Förderpumpe, nicht an der Druckeinstellschraube, gedreht werden. Eine völlige Neueinstellung durch den Fachmann wäre dann erforderlich.

7. Zum Schluß ziehen Sie noch die Fotozelle aus ihrem Schaft und wischen die Spitze mit einem sauberen Tuch ab. Danach stecken Sie sie wieder zurück und bauen das Gehäuse wieder zusammen. Beim Probelauf werden dann auch Staubteilchen, die im Gebläsegehäuse liegengeblieben sind, herausgewirbelt.

Brennkammer und Brennerrohr reinigen

Material
Eventuell 1 Einspritzdüse.

Werkzeug

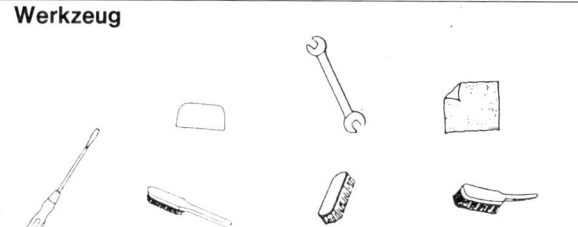
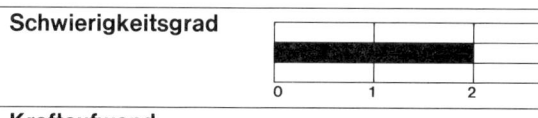
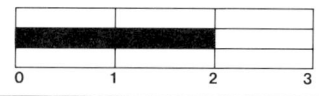

Schwierigkeitsgrad

0	1	2	3

Kraftaufwand

0	1	2	3

Arbeitszeit
Diese Arbeit können Sie in etwa 1 Stunde erledigen.

Ersparnis
Sie können sich damit rund 100 DM sparen.

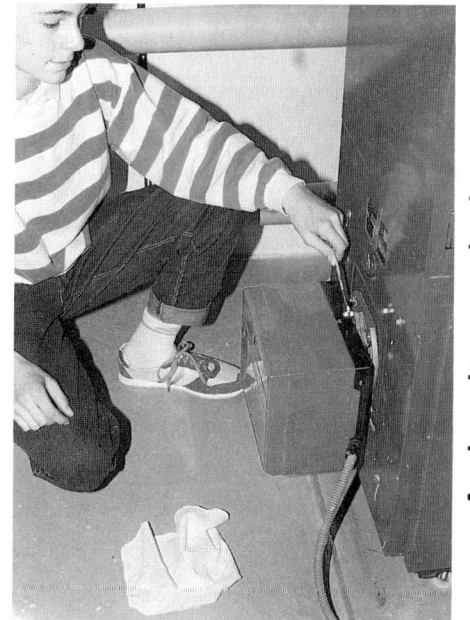

1

2

Brennerrohr reinigen

3

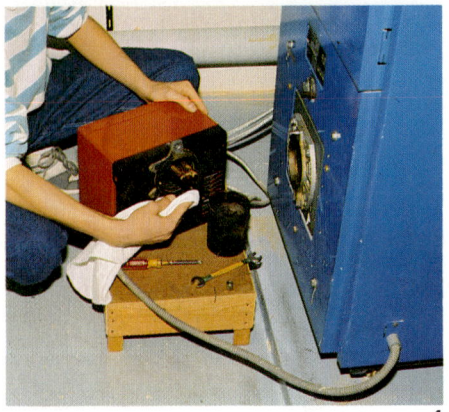

4

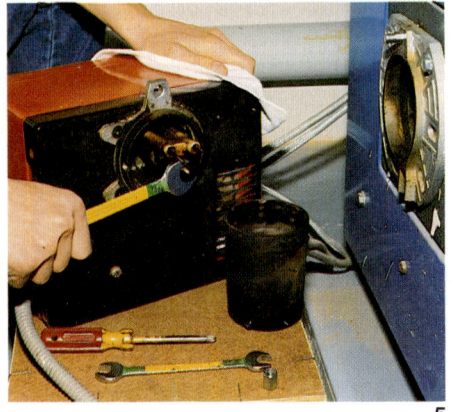

5

Bevor Sie den Brenner als ganzes abschrauben und den Brennraum aufschrauben, muß wiederum der Hauptschalter der Heizung ausgeschaltet werden. Auch sollte der Heizkessel möglichst abgekühlt sein.

Arbeitsanleitung

1. Der Brenner ist an der Brennraumtür angeflanscht und meist nur oben mit einer Schraube befestigt.

2. Nach Entfernen der Mutter können Sie den Brenner herausziehen und ablegen. Achten Sie darauf, daß die Ölzuleitung und die Elektrokabel nicht geknickt werden. Einige Brenner sind auch mit einem Stecker elektrisch angeschlossen. Dies vergrößert die Bewegungsfreiheit bei den Wartungsarbeiten.

3. Lösen Sie nun die Befestigungsschrauben für das Brennerrohr und nehmen Sie dieses ab. Die Einspritzdüse und die beiden Zündelektroden liegen nun offen.

4. Reinigen Sie diese Teile vorsichtig mit einem weichen Lappen.

Kontrollieren Sie die Abstände der Elektroden voneinander und zur Einspritzdüse. Die erforderlichen Werte für Ihren Brenner finden Sie in der Betriebsanleitung.

5. Sie können die Einspritzdüse herausdrehen und den vorgesetzten Feinfilter äußerlich von Schmutz reinigen oder ihn auch ganz zerlegen und säubern. Dies ist in der Regel aber nur dann erforderlich, wenn sich während des Betriebs Störungen ergeben haben. Meist muß dann die Düse ausgewechselt werden.

Beachten Sie, daß nach dem Auswechseln der Düse, auch bei Verwendung einer absolut baugleichen Ausführung, die Heizung durch einen Fachmann neu eingestellt werden muß. Die Düsenöffnungen sind nicht so genau gearbeitet, daß der Öldurchsatz bei unveränderter Einstellung des Drucks absolut gleich ist.

6. Befreien Sie nun das Brennerrohr mit integrierter Wirbelscheibe von Ruß und anderen Rückständen. Übermäßig starke Ablagerungen oder Verglühungen weisen auf eine falsche Einstellung hin. Ein teilweise verglühtes Brennerrohr muß unbedingt gegen ein neues ersetzt werden.

7. Lösen Sie jetzt die Schrauben des Brennkammerdeckels. Er ist mit Scharnieren gehalten und kann seitlich weggeklappt werden. Die Asbestdichtung könnte etwas verklebt sein, so daß der Deckel manchmal mit etwas Kraftaufwand geöffnet werden muß.

8. Der eventuell im Brennraum befindliche Keramikeinsatz muß herausgenommen werden. Merken Sie sich die genaue Position dieses Einsatzes.

9. In den Rauchabzügen können gewinkelte Blechstreifen als Abzugsregulierung eingeschoben sein. Entfernen Sie auch diese.

10. Für die Reinigung des Brennraums verwenden Sie nur die vom Hersteller vorgeschriebenen Bürsten. Dazu noch Handfeger, Schaufel und einen Allzweckstaubsauger; vielleicht noch eine Plastikspachtel. Scharfkantige Werkzeuge dürfen nicht verwendet werden, da sie besonders bei Niedertemperaturkesseln die Beschichtung beschädigen können. Die Rauchabzüge werden nur mit den speziell dafür vorgesehenen Bürsten gereinigt.

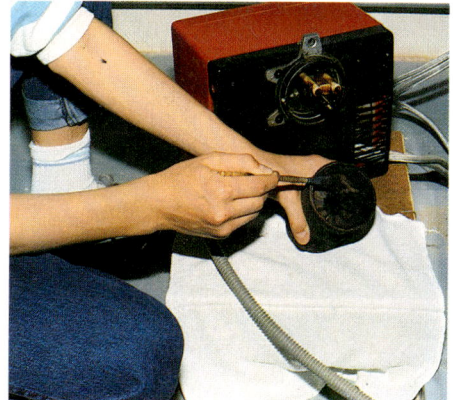

6

Wie bereits in der Materialkunde »Holzkessel und Steuerung der Anlage« (vgl. S. 48) beschrieben, deutet auch hier die Art der Ablagerung auf die Einstellung des Brenners hin. Übermäßig starke Rußablagerung bedeutet zu wenig Luft bzw. zu großen Öldurchsatz an der Düse. Bei Schlackeablagerungen ist es umgekehrt. Es werden auch chemische Sprühmittel angeboten, die das Reinigen des Brennraums erleichtern sollen. Unbedingt nötig sind sie jedoch nicht.

Nach Beendigung der Reinigungsarbeiten bauen Sie die Anlage in umgekehrter Reihenfolge wieder zusammen. Beim Anziehen der Deckelverschraubung müssen Sie die Schrauben wie beim Radwechsel über Kreuz in mehreren Durchgängen mit Gefühl anziehen.

7

11. Nun müssen Sie nur noch die Reinigungsklappe am hinteren Teil des Kessels unterhalb des Abgasrohrs öffnen. Saugen oder kehren Sie die dort abgelagerten Verbrennungsrückstände bzw. den durch das Reinigen der Rauchabzüge hereingefallenen Schmutz heraus. Bei längeren oder waagrecht bis zum Kaminanschluß verlaufenden Abgasrohren empfiehlt es sich noch, diese mit einem Ofenrohrbesen über die Revisionsöffnung zu putzen.

8

9

10

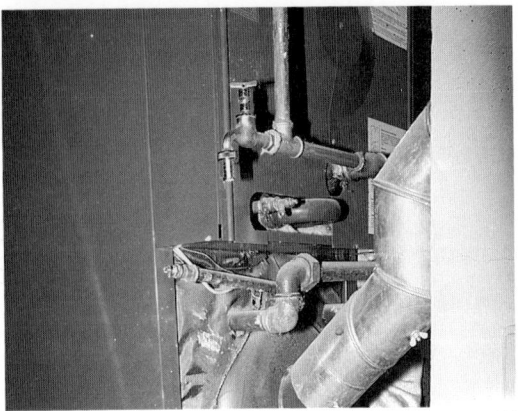

11

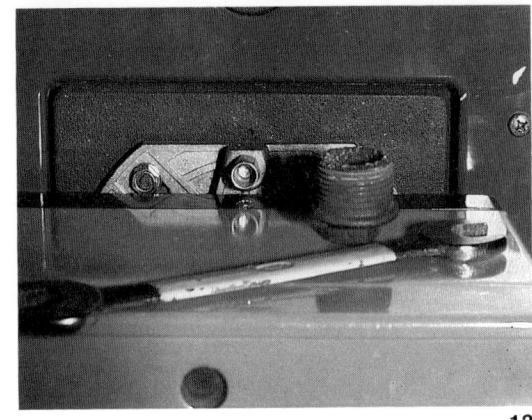

12

12. Nach Abschluß der Reinigungsarbeiten schalten Sie die Heizung wieder an. Entfernen Sie den Verschluß für die Kontrollöffnung (manche Modelle haben auch ein kleines Fenster) und beobachten Sie die Flammen: Die Spitzen der Flammen müssen rotgelb bis weiß sein. Blaufärbung bedeutet zu viel Luft oder zu wenig Öldurchsatz, schwarze Enden zu wenig Luft für die eingespritzte Ölmenge.

Sie können also, wenn Sie irgendwelche Reparaturen vorgenommen haben, an der Flamme erkennen, ob Sie den Brenner nachregulieren müssen. Die Nachjustierung erfolgt entweder an der Luftklappe oder an der Druckeinstellschraube der Förderpumpe. Die genaue Einstellung muß von einem Fachmann durchgeführt werden. Um diese Einstellung gemäß den Anforderungen des Bundes-Emissionsschutzgesetzes durchführen zu können, benötigen Sie ein Öldruckmanometer, ein CO-Meßgerät, ein Abgasthermometer, ein Rußpartikelmeßgerät, ein Gerät zur Messung des Schornsteinzugs und die entsprechenden Tabellen für die Berechnung der Richtwerte.

Umwälzpumpe überprüfen und austauschen

Arbeitsanleitungen

Material

Gegebenenfalls neue Umwälzpume, Dichtungen.

Werkzeug

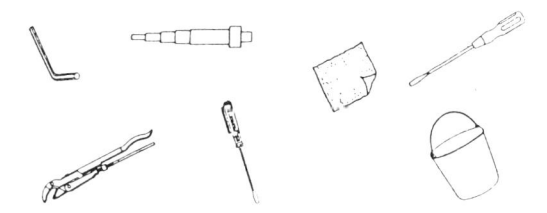

Schwierigkeitsgrad

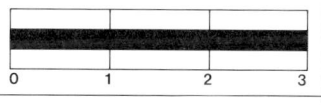

0   1   2   3

Kraftaufwand

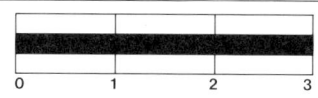

0   1   2   3

Arbeitszeit

Wenn Sie die Pumpe komplett austauschen, müssen Sie etwa 1 Stunde einplanen.

Ersparnis

Sie sparen ohne fremde Hilfe rund 120 DM.

1

2

3

Schrauben am Pumpenblock lösen

4

5

6

Die Umwälzpumpe hält den Kreislauf des Heizungswassers zwischen Heizkessel und Heizkörpern aufrecht. Fällt sie aus, wird das warme Vorlaufwasser nicht mehr in die Heizkörper transportiert, und die Wohnung bleibt kalt.

Der Fehler kann nun im elektrischen Teil der Anlage liegen, in der Zuleitung oder in der Pumpe selbst. Er kann aber auch mechanische Ursachen haben. Besonders nach langen Abschaltzeiten im Sommer kann sich der Anker festsetzen.

Falls Sie den Eindruck haben, daß die Pumpe nicht arbeitet, gehen Sie wie folgt vor:

Arbeitsanleitung

1. Fassen Sie mit der einen Hand außen an die Pumpe, mit der anderen an ein Anschlußrohr. Ist die Pumpe warm oder heiß und sind dagegen die Anschlußrohre kalt, hat sich der Anker verklemmt.

2. An der Stirnseite der Pumpe sitzt eine Schraube. Um diese Schraube ist ein Pfeil gemalt, der die Drehrichtung der Pumpe angibt. Bevor Sie die Schrauben lockern, schließen Sie die beiden Absperrventile vor und hinter der Pumpe. Nun können Sie mit einem kräftigen Schraubenzieher die Schraube entfernen.

3. Aus dem freiwerdenden Loch kann eine geringe Menge Wasser austreten. Mit einem schmäleren Schraubenzieher fahren Sie in das Loch bzw. in den Schlitz, der sich am Ende des Ankers befindet.

Mit einigen Drehungen in Pfeilrichtung bekommen Sie die Pumpe wieder frei. Wenn noch Strom anliegt, muß sich die Pumpe nun wieder selbständig drehen.

Schrauben Sie die Verschlußschraube wieder ein und öffnen Sie jetzt die Absperrventile.

Ist der Fehler damit noch nicht behoben, muß der elektrische Anschluß überprüft werden. Führen Sie diese Arbeiten jedoch nur durch, wenn Sie im Umgang mit elektrischem Strom geübt sind und die damit verbundenen Gefahren kennen. Genauere Ausführungen zur Fehlersuche in elektrischen Teilen von Geräten und zur Fehlerbehebung finden Sie in dem Buch aus der gleichen Reihe mit dem Titel »Selbst Haushaltsgeräte warten und instand setzen«.

4. Entfernen Sie die Abdeckung über dem elektrischen Anschluß der Pumpe. Überprüfen Sie mit einem Spannungsprüfer oder einem Universal-Multimeter, ob Spannung anliegt. Ist dies nicht der Fall, muß der Fehler in der Steuerung und Zuleitung liegen.

Liegt Spannung an und die Pumpe arbeitet nicht, muß sie ausgetauscht werden.

5. Schalten Sie dazu den Hauptschalter aus und vergewissern Sie sich noch einmal, daß die Stromzufuhr unterbrochen ist! Dann klemmen Sie die Kabel ab. Notieren Sie sich sicherheitshalber die Position der einzelnen Anschlüsse.

Drehen Sie jetzt die beiden Absperrventile vor und hinter der Pumpe zu. Sind diese bei Ihrer Anlage nicht vorhanden, muß das Wasser der Heizungsanlage oder in Teilen davon ausgelassen werden (vgl. S. 69).

6. Bei einer absolut baugleichen Austauschpumpe genügt es, wenn Sie nur den Motorblock mit dem Turbinenrad auswechseln. Dazu lösen Sie die Schrauben am Turbinengehäuse und nehmen den Motorblock heraus.

7. Falls der Motorblock an der Dichtung festklebt, genügt ein leichter Schlag mit einem Stück Holz. Daraufhin löst sich die Pumpe.

Der Einbau erfolgt in umgekehrter Reihenfolge. Vergessen Sie nicht, eine neue Dichtung einzusetzen und vorher den Sitz für die Dichtung gründlich zu reinigen.

8. Haben Sie eine Austauschpumpe anderer Bauart, muß der komplette Pumpenblock ausgebaut werden. Dazu benötigen Sie eine, am besten gleich zwei schwere Rohrzangen. Damit lösen Sie die Verschraubungen ober- und unterhalb des Turbinengehäuses.

9. Die komplette Pumpe kann nun herausgenommen werden. Die Abstands- und Gewindemaße sind genormt, so daß auf diese Weise auch eine Pumpe eines anderen Herstellers eingesetzt werden kann. Der Einbau erfolgt in umgekehrter Reihenfolge.

Sollte es bei der neuen Pumpe Startprobleme geben, öffnen Sie, wie oben beschrieben, die Kontrollschraube und bringen die Pumpe mit dem Schraubenzieher in Gang.

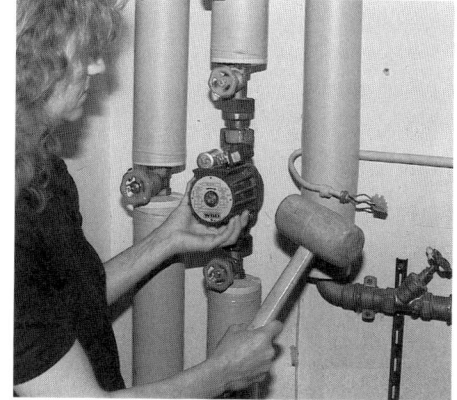

7

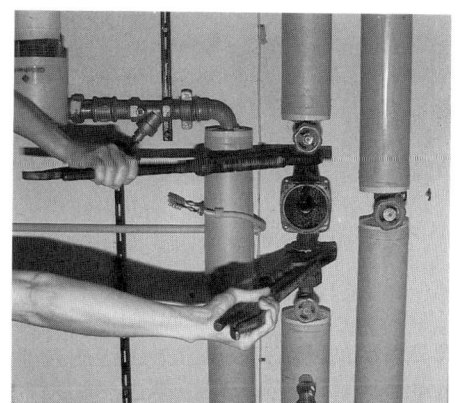

8

9

1

2

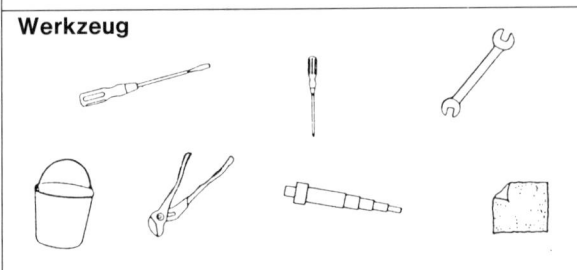

Heizkörper- gegen Thermostatventile austauschen

Material

Thermostatventile, regelbare Anschlußstücke, Hanf, Dichtungspaste.

Werkzeug

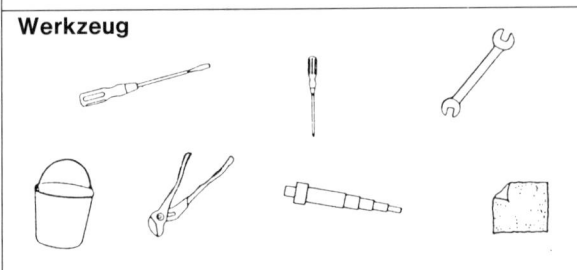

Schwierigkeitsgrad

0	1	2	3

Kraftaufwand

0	1	2	3

Arbeitszeit

Kalkulieren Sie für die Arbeit an einem Heizkörper etwa $1^1/_2$, für jeden weiteren $^1/_2$ Stunde mehr ein.

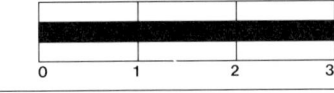

Ersparnis

Durch Eigenleistung sparen Sie zwischen 150 und 200 DM.

3

80

Sollten Ihre Heizkörper noch mit normalen Heizkörperventilen ausgestattet sein, können Sie diese gegen Thermostatventile auswechseln. Das spart Heizkosten und erhöht den Komfort. Viele Hersteller bieten diese Ventile zum nachträglichen Einbau an.

1. Wenn Sie Thermostatventile kaufen, müssen Sie auf folgendes achten: Es gibt Eck- und Durchgangsventile. Beide werden in verschiedenen Anschlußgewindegrößen angeboten, üblicherweise 3/8" oder 1/2". Stellen Sie also vorher am alten Ventil fest, welche Ausführung Sie benötigen. Empfehlenswert ist, zum Einkauf das alte Ventil als Muster mitzunehmen.

2. Mit den Ventilen sollten auch die alten Anschlußstücke am Auslauf des Heizkörpers gegen neue ausgewechselt werden, die absperrbar sind bzw. an denen die maximale Durchflußmenge eingestellt werden kann. Dies hat zwei Vorteile: Erstens können Sie dann auch einmal den Heizkörper abmontieren, ohne vorher den gesamten Heizungskreislauf entleeren zu müssen. Zweitens können Sie besonders an Heizkörpern, die der Umwälzpumpe am nächsten liegen, die Durchflußmenge drosseln. Dadurch werden auch entfernter liegende Heizkörper mit genügend Heizungswasser versorgt.

Arbeitsanleitung

Bevor Sie mit der Arbeit beginnen, entleeren Sie den Heizungskreislauf (vgl. S. 69).

3. Mit einer Rohrzange oder einem Schraubenschlüssel lösen Sie die Verschraubungen am Ventil und am Anschlußstück. Halten Sie genügend Lappen bereit und schieben Sie ein flaches Gefäß unter, damit Sie das restliche Wasser auffangen können.

4. Danach lösen Sie die Befestigungsschrauben am Heizkörper. Der Heizkörper ist nun frei und kann abgehoben werden. Dies erleichtert Ihnen die Montage.

5. Wenn Sie den Heizkörper abheben, achten Sie darauf, daß das nun offene untere Ende hochgehalten wird. Denn im unteren Teil der Rippen befindet sich noch Wasser mit Ablagerungen. Dieses ist sehr schmutzig und hinterläßt kaum noch zu entfernende Flecken auf dem Teppichboden.

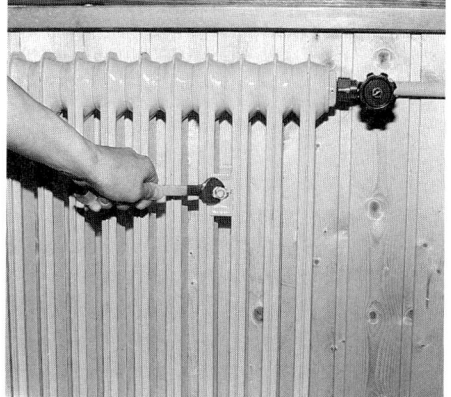

4

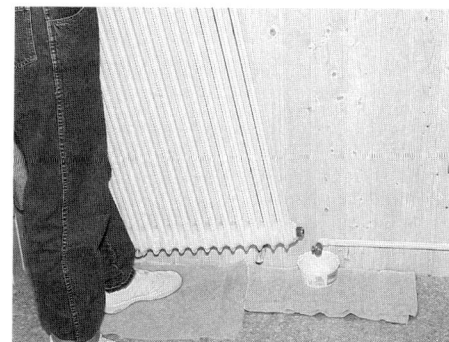

5

6

7

8

9

6. Am besten lassen Sie den Heizkörper über einem Gully auslaufen. Dann kann auch bei den weiteren Montagearbeiten nichts mehr passieren.

7. Das Ventil wird nun mit einem Schraubenschlüssel oder einer Wasserpumpenzange vom Rohrstutzen geschraubt. Das gleiche gilt für das Anschlußstück am Rücklauf. Auch die weiteren Arbeitsschritte führen Sie parallel am unteren Anschlußstück durch.

8. Der konische Nippel mit der Überwurfmutter ist in den Heizkörperstopfen eingeschraubt. Er wird mit einem Spezialschlüssel, der in die Öffnung des Nippels gesteckt wird, herausgedreht. Hanfen Sie nun das Gewinde des Rohrstutzens ein (vgl. S. 61).

9. Danach drehen Sie das Ventil auf das Gewinde. Den eigentlichen Thermostatteil können Sie für die Montage abschrauben. Das erleichtert die Arbeit und verhindert Beschädigungen an den Plastikteilen.

10. Ebenso wird das Gewinde des Nippels eingehanft und mit dem Spezialschlüssel in den Anschlußstopfen gedreht. Vergessen Sie nicht, vor dem Einschrauben die Überwurfmutter auf den Nippel zu stecken! Auch wenn der alte Nippel mit seinem Konus fast genauso aussieht wie der neue, muß dieser ausgewechselt werden. Denn das Ventil wird mit dem Nippel ohne weiteren Dichtungsring verschraubt und schließt durch den Konus und das Gegenstück metallisch ab. Deshalb müssen beide Teile genau zusammenpassen.

11. Wenn Sie diese Arbeiten auch am unteren Anschlußstück durchgeführt haben, hängen Sie den Heizkörper wieder ein. Überprüfen Sie vor dem Anziehen der Überwurfmuttern und der Befestigungsschrauben für den Heizkörper, ob Ventil und Anschlußstück an den Verschraubungen genau zueinanderpassen. Gegebenenfalls können Sie durch Heraus- oder Hereindrehen der Gewindeverbindungen noch leichte Korrekturen vornehmen.

12. Jetzt ziehen Sie die Verschraubungen mit der Zange oder einem Schraubenschlüssel kräftig an und befestigen die Muttern der Heizkörperhalterungen. Der Thermostatteil des Ventils wird wieder aufgesetzt und die Heizung aufgefüllt (vgl. S. 67).

Wir haben hier den Fall beschrieben, bei dem Gewindegrößen und Abstände beim alten und beim neuen Ventil übereinstimmen. Dies muß aber nicht immer der Fall sein. Besonders bei älteren Anlagen können größer dimensionierte Rohrleitungen und Ventile vorhanden sein, für die es keine entsprechenden Thermostatventile gibt.

Der Verschlußstopfen des Heizkörpers, in den der Nippel eingeschraubt ist, muß ausgewechselt werden, wenn das neue Ventil (der neue Nippel) einen geringeren Gewindedurchmesser hat. Die Verschlußstopfen haben auf der einen Seite des Heizkörpers ein Rechtsgewinde, auf der anderen ein Linksgewinde. Falls der Stopfen mit der Rohrzange nicht wie gewohnt zu lösen ist, probieren Sie es in die andere Richtung. Denken Sie auch daran, wenn Sie einen neuen Stopfen einschrauben, daß dann auch eine neue Dichtung benötigt wird.

10

Die Nippel mit Überwurfmutter und Konus werden auch mit Langgewinde angeboten. Damit kann dann jeder gewünschte Abstand hergestellt werden.

Für den Anschluß an den Rohrstutzen gibt es Reduzierstücke. Manchmal ist es auch möglich, ein Winkelfitting gegen ein Reduzier-Winkelfitting auszutauschen. Der Fachhandel hält ein großes Angebot unterschiedlichster Fittings bereit, mit denen auch Ihr Anschlußproblem gelöst werden kann.

Thermostatventile messen die Raumtemperatur an der Stelle, an der sie installiert sind. Wenn der Heizkörper und damit auch das Thermostatventil durch einen Vorhang oder eine Heizungsverkleidung auch nur teilweise verdeckt sind schaltet der Thermostat wegen des Wärmestaus zu früh ab. Durch eine höhere Temperatureinstellung ist dies teilweise auszugleichen. Eine exakte Regulierung der Raumtemperatur ist aber so nicht möglich. Für diesen Zweck gibt es Fernthermostate, deren Temperaturfühler an gut belüfteten Stellen im Raum angebracht werden. Diese Fernthermostate können Sie einfach gegen den normalen Thermostataufsatz auswechseln. Sie werden von allen Herstellern für ihre Ventile angeboten.

11

12

1

2

3

Heizkörper-Thermostatventile justieren

Material
Hierfür benötigen Sie kein zusätzliches Material.

Werkzeug

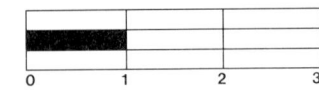

Schwierigkeitsgrad

0	1	2	3

Kraftaufwand

0	1	2	3

Arbeitszeit
Hierfür brauchen Sie nur etwa $1/4$ Stunde.

Ersparnis
Dafür können Sie sich 90 DM sparen.

1. Heizkörper-Thermostatventile sind mit einer Skala ausgestattet, auf der die gewünschte Raumtemperatur eingestellt werden kann. Die Skala besitzt jedoch keine Gradangaben, sondern Zahlen oder Symbole. Für bestimmte Stellungen sind dann in der Beschreibung die entsprechenden Temperaturwerte in etwa angegeben. Auch ist meist ein Symbol für Frostschutzeinstellung festgelegt. Die Auslösetemperatur liegt hier bei etwa 8 Grad.

Thermostatventile sind je nach Modell unterschiedlich genau eingestellt. Auch können sich mit der Zeit Veränderungen in der Einstellung ergeben. Am besten stellen Sie das fest, wenn sich in einem Raum zwei Heizkörper mit getrennten Thermostaten befinden. Bei gleicher Einstellung ist dann der eine schon abgeschaltet, während der andere noch volle Vorlauftemperatur besitzt.

Dies ist weiter nicht so tragisch, da der Thermostat ohnehin nach Ihren persönlichen Bedürfnissen eingestellt wird und Sie sich diese Einstellung für den entsprechenden Raum merken. Sie können die Thermostate in Ihrer Wohnung aber auch einheitlich justieren.

2. Jedes Thermostatventil ist mehr oder weniger leicht zerlegbar. Dabei brauchen Sie keine Angst haben, daß bei diesem Vorgang Wasser austritt, denn die hier beschriebenen Arbeiten beziehen sich nur auf den eigentlichen Thermostataufsatz, der wiederum durch den Ausdehnungskörper den eigentlichen Ventilstift herunterdrückt oder bei Abkühlung herausläßt. Am Beispiel eines Ventiltyps soll gezeigt werden, wie Sie bei der Justierung richtig vorgehen.

Arbeitsanleitung

3. Zuerst einmal vergewissern Sie sich, daß der Thermostatkopf fest auf dem Ventil angebracht ist. In unserem Beispiel ist der Ventilkopf mit einer Überwurf-Rändelmutter verschraubt. Andere Modelle haben einen Spannring, der mit einer Schraube und Mutter angezogen wird und dadurch eine feste Verbindung zum Ventil selbst herstellt. Ist diese Verbindung zwischen Thermostat und Ventil nicht ordnungsgemäß gegeben, kann das Thermostat das Ventil nicht exakt steuern.

4

5

6

7

8

9

Wenn Sie die Einstellung Ihres Thermostats für eine bestimmte Raumtemperatur bereits kennen, ist die Sache sehr einfach:

4. In unserem Beispiel ziehen Sie mit der Hand oder mit Hilfe eines Schraubenziehers die schwarze Abdeckkappe ab. Damit ist die Arretierung für den Einstellknopf beseitigt.

5. Sie erkennen in der Mitte den metallenen Ausdehnungskörper. Nun stellen Sie die Skala genau auf den Punkt, den Sie aus Erfahrung als Grundeinstellung herausgefunden haben.

6. Ziehen Sie jetzt den gesamten Griff mit einem kräftigen Ruck herunter, ohne aber dabei die Einstellung zu verändern.

7. Danach setzen Sie den Griff wieder so auf, daß Ihre Raumtemperatureinstellung mit den in der Beschreibung angegebenen Zahlenwerten übereinstimmt. Drücken Sie die schwarze Abdeckkappe wieder auf. Damit ist die Angelegenheit auch schon erledigt.

8. Eine andere Möglichkeit, den Thermostat genau einzustellen, besteht darin, daß Sie den Griff herunterlassen und ein genaues Thermometer im Raum aufstellen. Indem Sie die verbleibenden Thermostatteile so lange drehen, bis die gewünschte Temperatur konstant eingehalten wird, regeln Sie Ihr Thermostat. Die Regulierung kann jedoch unter Umständen Tage dauern, da jede Veränderung immer eine bestimmte Zeit benötigt, um sich einzupendeln. Eine Einstellung bei 20 Grad ist empfehlenswert, da die meisten Thermostatventile für diese Temperatur eine besondere Markierung haben. In unserem Beispiel ist diese Einstellung noch durch einen roten Knopf markiert. Erst wenn Sie diesen drücken, können Sie die Temperatur höher einstellen. Nachdem Sie die richtige Einstellung gefunden haben, setzen Sie den Griff wie oben beschrieben wieder auf.

9. Der Handel bietet inzwischen auch elektronisch gesteuerte Thermostatventile mit Präzisionsfühler an. Hiermit können Sie die genaue Temperatur digital und auch unterschiedlich für die verschiedenen Tageszeiten eingeben.

Mischbatterien an Spüle oder Waschbecken montieren

Material
1 Mischbatterie, Quetschdichtungen.

Werkzeug

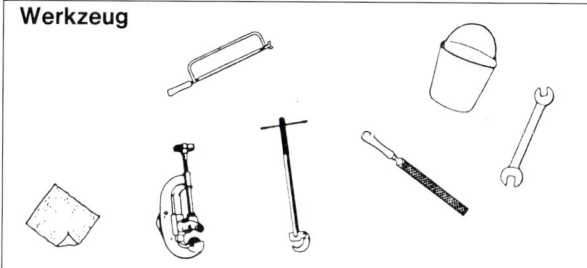

Schwierigkeitsgrad

0	1	2	3

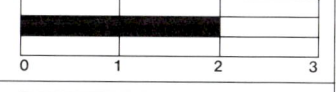

Kraftaufwand

0	1	2	3

Arbeitszeit
Planen Sie für diese Montage zwischen $3/4$ und 1 Stunde ein.

Ersparnis
Sie sparen etwa 100 DM.

1

2

3

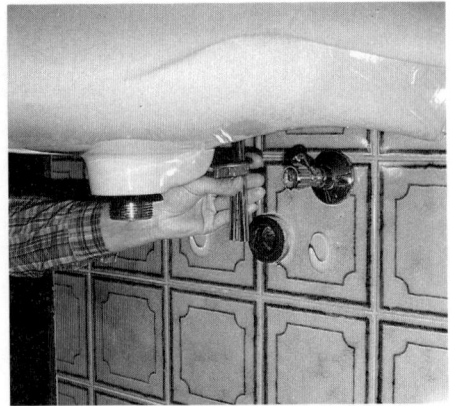

4

5

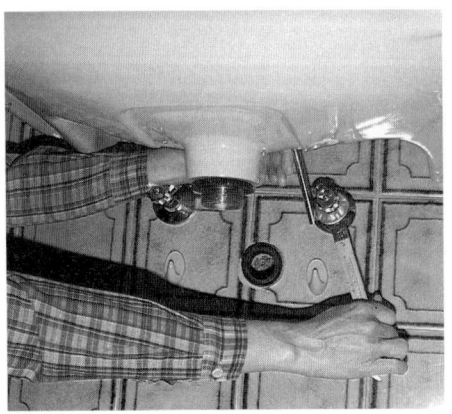

6

Ob Sie nun ein neues Wasch- oder Spülbecken montieren oder nur die Mischbatterie auswechseln, der Vorgang ist der gleiche. Bei neuen Waschbecken müssen Sie das Loch für die Batterie durchstoßen.

Arbeitsanleitung

1. Dieses Loch ist schon vorgesehen und durch entsprechende Vertiefungen von unten gut erkennbar. Mit einem Hammer und einem feinen Meißel schlagen Sie diese Stelle am besten von oben auf. Dadurch vermeiden Sie, daß die Absplitterungen beim Aufschlagen zu weit gehen und vielleicht nachher nicht mehr vom Batteriesitz abgedeckt werden.

2. Ein neues Waschbecken muß nicht unbedingt die gleichen Aufhängepunkte haben wie das alte. Gegebenenfalls müssen Sie neue Löcher bohren und die Stockschrauben versetzen. Außerdem sind einige Waschbecken direkt an die Stockschrauben mit Plastikmuttern angeschraubt, andere werden in Metall-Laschen eingehängt. Der Richtwert für die Montagehöhe von Waschbecken für Erwachsene beträgt zwischen 82 und 86 cm.

3. Bei einem eingehängten oder angeschraubten Waschbecken stecken Sie die verchromten Kupferrohre der neuen Mischbatterie von oben durch das Loch. Die beiliegende Gummidichtung muß sich zwischen Batterie und Waschbecken befinden.

4. Von unten schieben Sie die Spannmutter über die Kupferrohre und drehen diese mit der Hand so weit wie möglich an.

5. Biegen Sie nun die Kupferrohre so weit an die Eckventile heran, daß Sie die Stelle markieren können, an der die Rohre abgeschnitten werden müssen. Denken Sie daran, daß die Rohre bis in das Eckventil hineinreichen müssen. Im günstigsten Fall können die Kupferleitungen so weit S-förmig gebogen werden, daß sich ein Kürzen erübrigt. Vermeiden Sie jedoch Knickstellen beim Biegen. Im ungünstigsten Fall reicht die Rohrlänge nicht aus und sie muß mit einer Quetschkupplung und einem entsprechend langen Kupferrohr angestückt werden. Verchromte Kupferrohre sind als Meterware im Fachhandel erhältlich. Die beiden Rohrenden verbinden Sie in der gleichen Weise wie Rohre an Eckventilen.

6. Auch die Eckventile können in ihrer Verschraubung noch verdreht werden, so daß eine möglichst günstige Einführung der Kupferleitungen möglich ist.

Nun lösen Sie wieder die Befestigungsschraube der Armatur. Wenn genügend Bewegungsfreiheit vorhanden ist, können Sie die Rohre an Ort und Stelle mit einer Eisensäge oder einem Rohrabschneider ablängen. Im anderen Fall biegen Sie die Rohre zurück und entfernen die Batterie wieder komplett, um dann an einem Schraubstock die Rohre abzuschneiden. Vergessen Sie nicht, die Schnittstellen zu entgraten (vgl. »Kupferrohre abschneiden und verlöten«, S. 62).

7. Stecken Sie die Mischbatterie mit den nun passend zugeschnittenen Anschlußrohren wieder in das Loch und schrauben sie nur locker mit der Hand fest. Danach stecken Sie auf beide Rohre die Dichtpackung: zuerst die Überwurfmutter, dann den abgeschrägten Klemmring, die Scheibe und zum Schluß die Gummidichtung.

Jetzt stecken Sie die Rohre in die Öffnung der Eckventile und schieben die Dichtpackung nach. Korrekturen können noch durch Verdrehen der Eckventile und Biegen der Kupferrohre vorgenommen werden.

8. Drehen Sie die Überwurfmuttern mit einem Schraubenschlüssel kräftig an.

9. Danach wird die Mischbatterie gerade ausgerichtet und die Spannmutter fest angezogen. Dazu benötigen Sie einen speziellen Schlüssel, einen sogenannten Standhahnschlüssel. Zur Not geht es auch mit einer Wasserpumpenzange, aber nur sehr mühsam, denn der zur Verfügung stehende Platz ist sehr gering. Die Spannmutter muß auf jeden Fall fest angezogen werden, damit sich die Mischbatterie nicht mehr verdrehen läßt und auch die Gummidichtung zwischen Batteriesitz und Waschbecken gut abdichtet.

Auch wenn Sie nur die Einlaufarmatur wechseln wollen, empfiehlt es sich, zur Montage den Ablauf (Geruchverschluß) vorher zu entfernen. Sie haben dadurch weit mehr Bewegungsfreiheit beim Arbeiten.

7

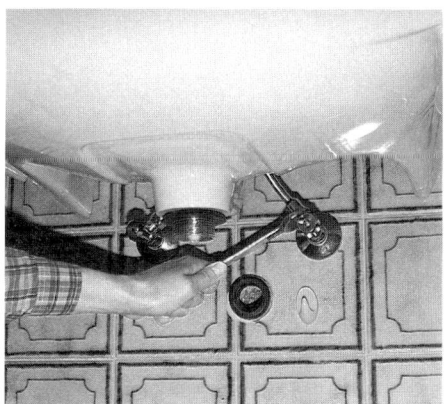

8

9

Arbeitsanleitungen

Mischbatterien an Badewannen oder Duschen austauschen

Material
1 Mischbatterie, Hanf, Dichtungspaste, Dichtungen.

Werkzeug

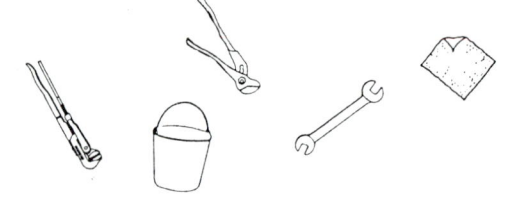

Schwierigkeitsgrad

0	1	2	3

Kraftaufwand

0	1	2	3

Arbeitszeit
Sie benötigen je nach Reparatur $1/4$ bis 1 Stunde.

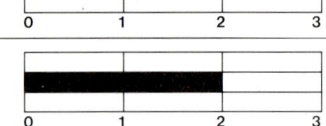

Ersparnis
Wenn Sie die Mischbatterie selbst austauschen, sparen Sie etwa 100 DM.

Als Beispiel wollen wir zeigen, wie Sie eine Zweigriff-Mischbatterie an der Badewanne gegen einen komfortablen Einhandmischer austauschen.

Arbeitsanleitung

1. Drehen Sie zunächst das Wasser ab. Drehen Sie nun beide Hähne auf und lassen das Wasser aus der Leitung ablaufen.

2. Mit einem Schraubenschlüssel lösen Sie die beiden Überwurfmuttern und nehmen den Hahn ab.

3. Wenn die nun freien Enden der S-Anschlüsse in Abstand und Gewindegröße zu der neuen Armatur passen, brauchen Sie nur noch die neue Armatur in umgekehrter Weise anschrauben.

4. Wenn die S-Anschlüsse auch ausgewechselt werden müssen, schrauben Sie zunächst die Wandrosetten herunter. Dann können Sie mit einem Schraubenschlüssel oder der Pumpenzange die S-Stücke aus dem Wandanschluß herausdrehen.

5. Die neuen S-Stücke werden am Gewinde für den Wandanschluß angerauht und eingehanft (vgl. S. 61). Teflonband ist hier nicht angebracht, da die S-Stücke nach dem Einschrauben zum Ausrichten noch einige Male hin- und hergedreht werden müssen.

6. Drehen Sie beide Anschlüsse bis über die Hälfte des Gewindes ein und vergleichen dann den Überstand zur Wand. Das weiter herausstehende Stück drehen Sie dann so weit nach, daß beide Teile gleich weit aus der Wand ragen. Dann richten Sie die Anschlüsse nach Abstand und Höhe aus.

7. Nun schrauben Sie auf die Armatur ohne Rosetten einige Gewindedrehungen auf. Mit der Wasserwaage, die Sie über die beiden Überwurfmuttern legen (je auf eine der sechs Flächen, nicht auf die Kanten), können Sie nun die genaue Position kontrollieren und gegebenenfalls bei locker angeschraubter Armatur leichte Korrekturen vornehmen. Die Überwurfmuttern müssen sich danach noch leicht abdrehen lassen.

8. Drehen Sie nun die Rosetten auf. Die Armatur wird nun mit den Dichtungsringen zusammen angeschraubt. Drehen Sie das Wasser wieder auf und testen die neue Armatur.

5

6

7

8

Arbeitsanleitungen

91

1

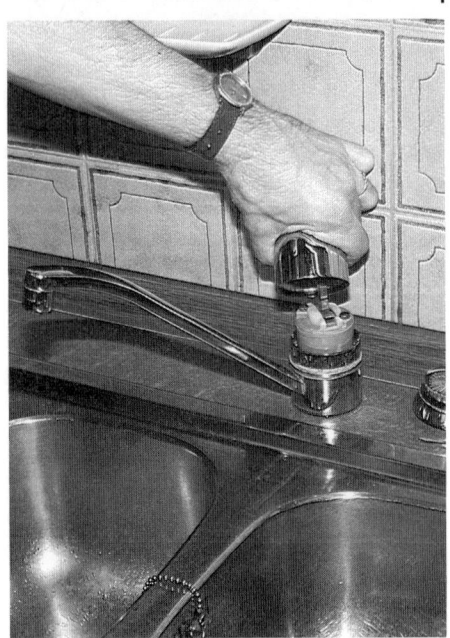

2

Einhand-Mischbatterien reparieren

Material
1 Kartusche oder 1 Misch- und Dichteinheit, 0-Ringe, Armaturenfett.

Werkzeug

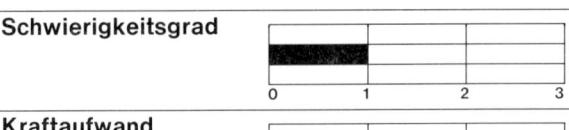

Schwierigkeitsgrad

| 0 | 1 | 2 | 3 |

Kraftaufwand

| 0 | 1 | 2 | 3 |

Arbeitszeit
Diese Reparatur können Sie
in etwa $1/4$ Stunde erledigen.

Ersparnis
Durch Eigenleistung sparen Sie
ungefähr 70 DM.

Einhand-Mischbatterien haben eine Misch- und Dicht-einheit in einem Bauteil. Sie sind wegen der Mehr-fachfunktion entsprechend kompliziert gebaut und müssen, wenn undichte Stellen auftreten, komplett ausgewechselt werden. Je nach Fabrikat unterschei-den sich die Kartuschen erheblich. Ebenso ist das Zerlegen von Modell zu Modell verschieden. Einheiten mit Keramikdichtung sind in der Regel teurer als sol-che Ausführungen, bei denen die Kartusche mit 0-Gummiringen versehen ist. Dafür sind Keramikdich-tungen aber nahezu verschleißfrei.

Bevor Sie mit dem Zerlegen beginnen, drehen Sie zu-nächst das Wasser ab (Eckventile oder Haupthahn)!

Arbeitsanleitung

3

1. Bei allen Ausführungen muß erst einmal der Griff entfernt werden. Hier gibt es wieder die verschieden-sten Möglichkeiten: In Auf- oder Zustellung wird eine kleine Schraube sichtbar, die gelöst werden muß, da-nach kann der Hebel abgezogen werden. Bei anderen Modellen sitzt die Befestigungsschraube unter der Plastikabdeckung oben auf dem Griff. Wieder andere Ausführungen haben die Abdeckung selbst als Befe-stigungsschraube ausgeführt. Wenn Sie das Plastikteil abschrauben, ist der Hebel abzunehmen.

Wie es weitergeht, können Sie an den nun sichtbaren Teilen leicht erkennen. Im folgenden wollen wir drei gängige Beispiele vorführen. Auf ganz ähnliche Weise müßte auch Ihre Mischbatterie zu zerlegen sein.

4

2. Hier wird die Ummantelung nach oben abgezogen. Die Mischeinheit liegt nun offen da. Wenn Sie die zwei Schrauben lösen, können Sie das Teil abnehmen.

3. Sie erkennen die 0-Ringe als Dichtung zwischen Armaturöffnungen und Mischeinheit. Das Auf- und Zu-drehen bzw. das Mischen geschieht in der Einheit selbst. Diese müssen Sie bei Defekten komplett aus-wechseln.

4. Bei einem anderen Modell wird die Einheit durch die Ummantelung selbst auf den Armaturensitz ge-preßt. Für einen Austausch muß die Ummantelung mit der Hand oder einer Zange abgeschraubt werden.

5. Auch hier sind wieder die Dichtungsringe zum Ar-

5

6

maturensitz zu erkennen. Die beiden kleinen Öffnungen sind für den Zulauf von Warm- und Kaltwasser; durch die größere Öffnung dagegen strömt das gemischte Wasser zum Auslauf.

6. Diese Einheit ist voll zerlegbar. Die beiden Keramikscheiben sind so glatt geschliffen, daß sie selbst im verschobenen Zustand noch sehr gut aneinanderhaften.

Das Öffnen und Schließen bzw. das Mischen des Wasserstroms erfolgt, indem sich Öffnungen in den Scheiben zueinander verschieben. Undicht kann diese Einrichtung nur werden, wenn sich ein Fremdkörper zwischen den Scheiben verkantet hat und einen Abstand erzeugt. Dies ist aber wegen der integrierten Fangsiebe und der scharfen Ränder der Öffnungen unwahrscheinlich.

7. Als drittes Beispiel zeigen wir eine Armatur, die mit einer zylindrischen Kartusche ausgestattet ist. Lösen Sie mit einem Schraubenschlüssel oder einer Armaturenzange die Verschraubung am Griffgelenk.

7

8. Nun können Sie das Oberteil abnehmen und die Kartusche aus dem Zylinder herausziehen. Die mit 0-Ringen versehenen Öffnungen übernehmen die Absperr- und Mischfunktion zusammen mit den Öffnungen im Zylinder.

Die Kartusche wird dabei durch den Bedienungshebel in dem Zylinder auf- und abbewegt bzw. um die eigene Achse gedreht. Die 0-Ringe können Sie auswechseln. Bei Verschleißerscheinungen am Hebelmechanismus muß das gesamte Oberteil komplett mit Kartusche ausgetauscht werden.

Vor dem Einbau wird die neue Kartusche noch sorgfältig mit Armaturenfett eingestrichen.

Einhand-Mischbatterien sind nicht nur praktischer in der Handhabung als Zweigriff-Batterien, sondern sie sparen auch Wasser und Energie für die Bereitung des warmen Wassers, da die gewünschte Menge und Temperatur bei weitem schneller eingestellt und nachreguliert werden kann. Ein nachträglicher Einbau als Austausch für eine Zweigriff-Batterie ist auf lange Sicht sicher rentabel.

8

Perlsieb reinigen und Schwenkarm abdichten

Material

Gummidichtung, Armaturenfett, Entkalker; eventuell 1 Perlsieb.

Werkzeug

Schwierigkeitsgrad

0	1	2	3

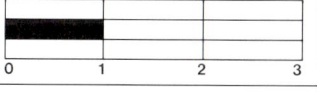

Kraftaufwand

0	1	2	3

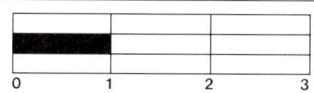

Arbeitszeit

Je nach Arbeitsaufwand zwischen 5 und 20 Minuten.

Ersparnis

Sie sparen bis zu 80 DM.

1

2

3

95

4

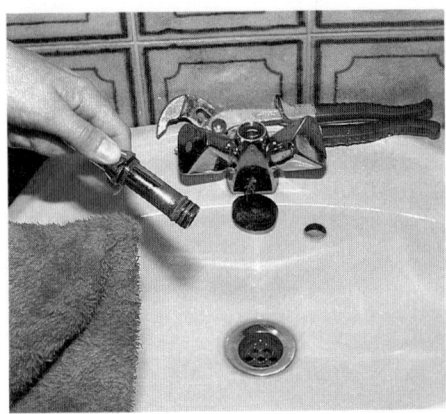

5

6

Perlsiebe an Auslaufarmaturen müssen regelmäßig gereinigt und entkalkt werden. Kalkablagerungen und andere Schmutzteilchen aus den Rohren setzen das Sieb und die Luftansaugschlitze mit der Zeit zu. Das Wasser läuft dann nicht mehr sprudelnd, sondern in einem Strahl vielleicht auch spritzend heraus.

Arbeitsanleitung

1. Bei regelmäßiger Reinigung können Sie die Verschraubung mit der Hand abdrehen. Geht dies nicht, nehmen Sie eine Wasserpumpenzange zu Hilfe. Legen Sie aber einen Lappen oder ein Fensterleder zwischen Zangenbacken und Verschraubung, sonst verkratzen Sie die Chromschicht.

2. Der Schmutz auf der Innenseite des Siebs kann unter fließendem Wasser entfernt werden.

3. Um Kalkrückstände zu beseitigen, legen Sie das Sieb einige Stunden in Essig oder in ein anderes handelsübliches Entkalkungsmittel. Ein Austausch des Perlsiebeinsatzes ist nur in den seltensten Fällen erforderlich, meist dann, wenn mit spitzen Gegenständen versucht wird, den Schmutz zu entfernen. Dabei wird dann der Siebaufbau beschädigt.

Wenn Sie das Perlsieb einschrauben, achten Sie darauf, daß Sie die Gummidichtung mit einlegen. Sie bleibt beim Abschrauben häufig im Sitz des Auslaufs kleben.

4. Bei einem verstopften Perlsieb steigt der Wasserdruck im Schwenkarm erheblich an. Dafür ist aber die Dichtung im Gelenk des Arms nicht angelegt. Mit der Zeit tritt dann dort Wasser aus und hinterläßt unschöne Kalkrückstände. Ist dies der Fall, lösen Sie nach dem Reinigen des Perlsiebs die Überwurfmutter am Schwenkarmanschluß.

5. Jetzt können Sie den gesamten Arm herausziehen und die Dichtungen mit einem feuchten Lappen gründlich reinigen. Bei starken Verschleißerscheinungen müssen die 0-Ringe ausgewechselt werden.

6. Meist genügt es aber, wenn Sie das Gelenkstück mit den Dichtungen gut mit Armaturenfett einstreichen. Hat der Schwenkarm vorher geklemmt, ist dieses Übel dadurch auch behoben.

Spülkasten warten

Material
Dichtungen, Entkalkungsmittel.

Werkzeug

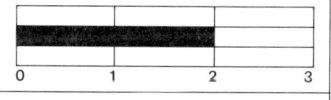
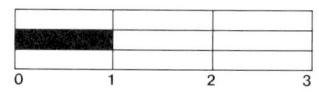

Schwierigkeitsgrad

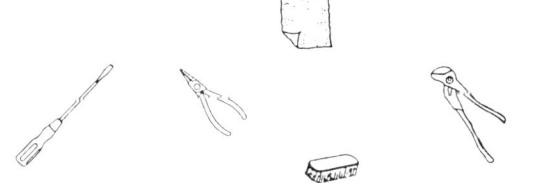

0 1 2 3

Kraftaufwand

0 1 2 3

Arbeitszeit
Planen Sie für diese Arbeit
ungefähr $1/2$ Stunde ein.

Ersparnis
Sie können damit 90 DM
einsparen.

1

2

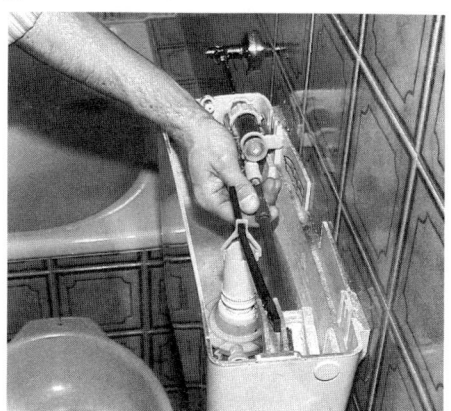

3

4

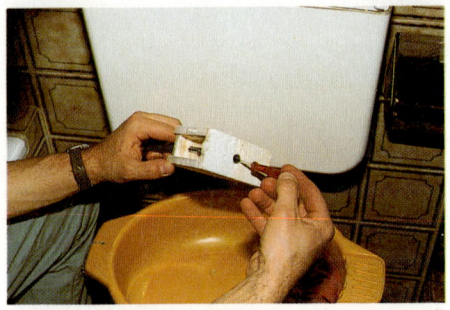

5

6

7

Wenn aus Ihrem Spülkasten laufend Wasser nachrinnt, kann es an der Einlauf- oder an der Auslaufdichtung liegen. Ist das Einlaufventil undicht, rinnt das Wasser nach dem Abziehen erst nach einer bestimmten Zeit, wenn der Kasten ganz gefüllt ist und das Wasser durch den Überlauf abfließt. Die Wassermenge beim Spülen ist dann größer als normal. Läuft das Wasser direkt nach einer Spülung weiter und ist die Menge eher gering, dann liegt die Ursache bei der Dichtung am Ablauf. Braucht Ihr Spülkasten sehr lange, bis er wieder voll ist und sind, vielleicht sogar pfeifende Fließgeräusche zu hören, dann ist das Sieb vor dem Einlaufventil verlegt oder die Öffnungen der Schwimmerbe- und -entwässerung sind verstopft.

Arbeitsanleitung

1. Zuerst drehen Sie am Eckventil das Wasser ab. Bei Spülkästen, die in die Wand eingebaut sind, ist das Ventil auch hinter der Blende installiert.

2. Dann heben Sie den Deckel ab. Bei den meisten Modellen ist der Kasten eingerastet, bei anderen kann er auch angeschraubt sein. Hat Ihr Spülkasten keine seitliche Auslösetaste, sondern in der Mitte einen Griff zum Hochziehen, muß dieser nach Anheben des Deckels von der »Glocke« abgehängt werden.

3. Der Schwimmerarm kann durch eine leichte Drehung am Ventil ausgerastet und abgezogen werden.

4. Der Schwimmerarm ist als Rohr ausgebildet. Im abgesenkten Zustand, also beim Auffüllen, wird aus dem Einlaßventil durch eine kleine Nebenöffnung Wasser in dieses Rohr gespritzt. Dies läuft in die Mulde des Plastikschwimmers und beschwert diesen. Beim Anheben des Schwimmerarms durch den steigenden Wasserspiegel wird die Wasserzufuhr für die Schwimmermulde unterbrochen. Durch eine weitere kleine Öffnung in der Fortsetzung des Rohrs läuft das Wasser langsam wieder aus der Mulde. Der Schwimmer wird leichter und hebt zusammen mit dem gestiegenen Wasserspiegel den Schwimmerarm und schließt das Einlaßventil. Durch diese Einrichtung wird der Schließvorgang beschleunigt und der Anpreßdruck auf die Ventildichtung verstärkt.

5. Sind die Auslauföffnungen z. B. durch Kalkrückstände verlegt, zieht sich der Auffüllvorgang sehr lange hin und das Einlaßventil gibt möglicherweise pfeifende Geräusche von sich. Wenn Sie den Stöpsel am Ende des Rohrs entfernen, können Sie die Rückstände ausspülen und die kleinen Öffnungen freimachen.

6. An der Plastikschraube können Sie die Wassermenge einstellen, selbstverständlich nur mit eingebautem Schwimmer. Im Inneren des Kastens befinden sich Markierungen, die bis zu 9 l (einige Modelle sogar bis zu 14 l) Wasservolumen anzeigen. Für ein normales Flachspülklosett ist eine Einstellung um 7 l völlig ausreichend.

7. Die Plastik-Überwurfmutter, mit der das Ventil angeschraubt ist, lösen Sie mit der Hand. Gegebenenfalls müssen Sie mit der Pumpenzange am Anfang vorsichtig etwas nachhelfen. Sie können nun das Ventil mit dem Einlaufrohr entnehmen. Es ist leicht in seine Einzelteile zu zerlegen und zu reinigen.

8. Die Gummidichtung sitzt vorne auf der Ventilstange auf der Seite der Verschraubung. Wenn sie Beschädigungen aufweist, muß sie ausgewechselt werden. Sie ist nicht verschraubt, sondern sitzt nur in der Plastikpfanne. Mit einem spitzen Werkzeug kann sie herausgehebelt werden. Sollte dies nicht möglich sein oder ist Ihnen beim Heraushebeln ein Teil der Plastikpfanne abgebrochen, so ist dies auch nicht so schlimm.

9. Der Ventilsitz aus Hartplastik steckt direkt im Zulauf. Er ist mit einem O-Ring abgedichtet und kann herausgezogen werden.

10. Hinter dem Ventilsitz wird das Bauteil mit dem Feinsieb sichtbar. Fassen Sie den vorstehenden Plastikzapfen mit einer Flachzange und ziehen das Teil ganz heraus.

11. Wenn das Sieb verlegt ist, kann nicht mehr genügend Wasser durchströmen; der Auffüllvorgang dauert dann dementsprechend lange. Reinigen Sie das Sieb gründlich unter fließendem Wasser. Eine alte Zahnbürste ist als Hilfsmittel sehr gut geeignet.

12. Bevor Sie das Sieb und den Ventilsitz wieder einstecken, drehen Sie einmal kurz das Eckventil auf.

8

9

10

11

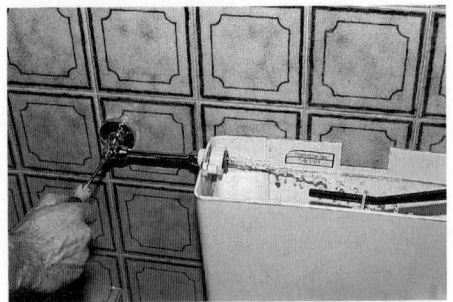

12

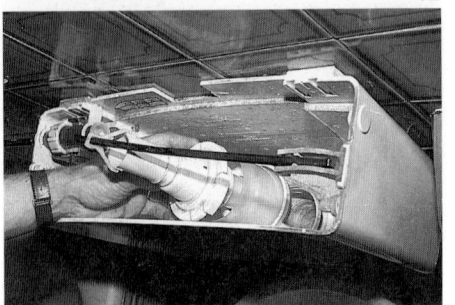

13

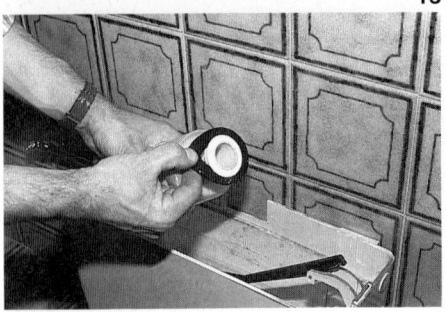

14

Schmutzteilchen, die sich eventuell noch in der Zuleitung befinden, werden dann ausgeschwemmt. Bauen Sie nun das Ventil mit dem Füllrohr in umgekehrter Reihenfolge wieder ein, jedoch noch ohne den Schwimmerarm aufzustecken. Die Überwurfmutter wird jetzt mit der Hand angezogen.

13. Bauen Sie nun die Glocke mit dem Überlaufrohr und der Ablaufdichtung aus. Dazu müssen Sie zwei Klemmen am oberen Rand des Führungskäfigs ausrasten. Bei anderen Modellen ist der Käfig am Boden eingerastet und mit einer leichten Drehung zu lösen.

14. Die Dichtung ist um das Überlaufrohr angebracht und kann leicht abgezogen werden. Reinigen Sie alle Teile unter fließendem Wasser. Die Kalkrückstände können meist schon mit den Fingern von den Plastikteilen abgerieben werden. Wenn der Gummiring nicht aufgequollen und noch elastisch ist, auch keine Beschädigungen oder Risse aufweist, kann er wieder verwendet werden. Andernfalls muß er gegen einen neuen ausgewechselt werden.

Vor dem Wiedereinbau fahren Sie noch mit dem Finger über den Ventilsitz am Auslauf des Kastens. Eventuelle Kalkrückstände müssen entfernt werden.

Nach dem Einsetzen der Glocke stecken Sie den Schwimmerarm wieder ein und öffnen das Eckventil. Mit der Einstellschraube können Sie den gewünschten Wasserstand regulieren. Dabei drehen Sie die Stellschraube erst ganz herein und lösen sie wieder langsam während des Einlaufens, bis sich der Wasserspiegel etwa 1/2 l unter der gewünschten Markierung befindet. Beim nächsten Einlaufen wird sich der Wasserstand wegen der oben beschriebenen Schwimmerbeschwerung richtig einstellen.

15. Die Glocke ist so konstruiert, daß sie nach dem Anheben einen Auftrieb erhält und erst dann wieder schließt, wenn das gesamte Wasser herausgelaufen ist. Mit einem Gewicht (ca. 100 g) am Auslöserhebel können Sie den Auftrieb der Glocke verhindern. Wasser läuft nur so lange aus, wie die Taste gedrückt wird. Mit einfachsten Mitteln haben Sie so eine »Sparschaltung« eingebaut.

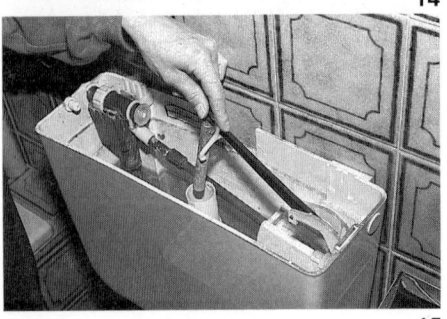

15

Absperrventile warten

Material
Talg- oder Graphitschnur; eventuell neues Oberteil.

Werkzeug

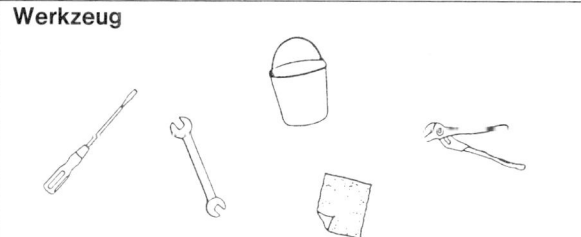

Schwierigkeitsgrad

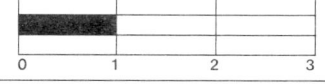

Kraftaufwand

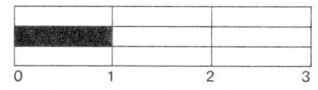

Arbeitszeit
Sie sollten zwischen 15 bis 20 Minuten einrechnen.

Ersparnis
Indem Sie die Wartung selbst vornehmen, können Sie immerhin bis zu 80 DM sparen.

1

2

3

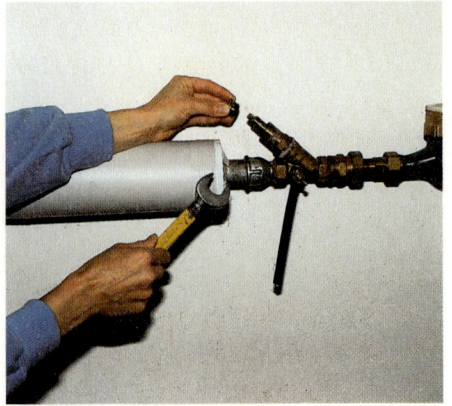

4

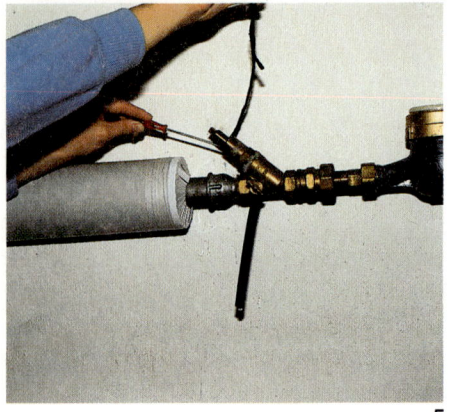

5

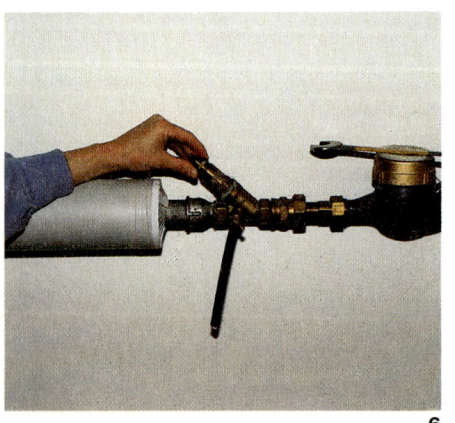

6

Sicher ist es Ihnen schon passiert, daß Sie das Wasser abgedreht haben, und als Sie das Absperrventil wieder öffneten, rann Wasser heraus. Dies liegt zum einen daran, daß diese Hähne nur sehr selten bewegt werden und dadurch austrocknen, zum anderen liegt bei Absperrhähnen auch im Spindelbereich der volle Wasserdruck an. Bei Auslaßventilen ist dies nicht der Fall, es sei denn, es ist ein Schlauch angeschlossen.

Arbeitsanleitung

1. Der erste und einfachste Versuch, dieses Leck zu beheben, ist folgender: Drehen Sie den Hahn mehrere Male auf und zu. Die Dichtungspackung wird dann wieder flexibler und kann ihre Aufgabe wieder erfüllen.

2. Nützt dies nichts, ziehen Sie mit einem Gabelschlüssel die Stopfbuchsenmutter (eigentlich ist es eine durchbohrte Schraube und keine Mutter) etwas nach. Die in der Stopfbuchse befindlichen Graphit- oder Talgschnüre werden dann stärker zusammengedrückt und pressen sich dann mehr um die Spindel.

3. Ist die Stopfbuchsenmutter bereits bis zum Anschlag eingedreht, muß die Buchse neu »gestopft« werden. Drehen Sie dazu erst das Ventil völlig zu. Es kann dann kein Wasser mehr nachfließen. Wenn ein Ablaßventil in der Nähe ist, drehen Sie dieses auf, nicht aber ohne vorher ein Gefäß zum Auffangen des Wassers unterzustellen.

4. Nun drehen Sie die Stopfbuchsenmutter ganz heraus.

5. Dann legen Sie einige Windungen Graphit- oder Talgschnur im Uhrzeigersinn um die Spindel und drücken sie z. B. mit einem Schraubenzieher in die Stopfbuchse. Diese Dichtungsschnüre erhalten Sie im Fachhandel.

6. Danach drehen Sie die Stopfbuchsenmutter wieder in den Gewindeschaft, und zwar so lange, bis Sie einen Widerstand verspüren. Schließen Sie wieder das Ablaßventil und öffnen den Absperrhahn. Sollte immer noch Wasser austreten, ziehen Sie die Mutter noch etwas nach und bewegen das Handrad mehrere Male hin und her. Dann hat sich die Dichtung angepaßt und schließt fest ab.

Filter im Brauchwassersystem reinigen

Material
Eventuell Filtereinsatz.

Werkzeug

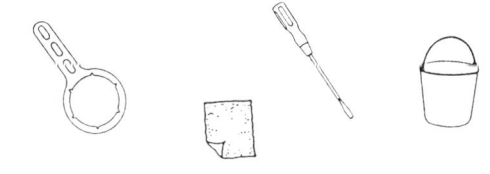

Schwierigkeitsgrad

0	1	2	3

Kraftaufwand

0	1	2	3

Arbeitszeit
Für die Reinigung benötigen Sie nur etwa $1/2$ Stunde.

Ersparnis
Sie sparen ungefähr 90 DM.

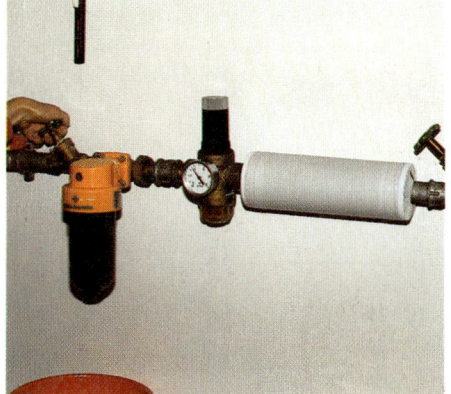

1

2

3

Filtereinsatz reinigen

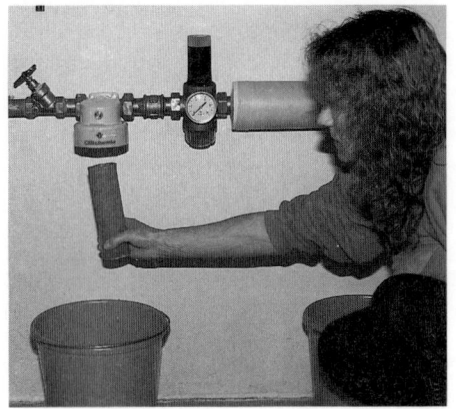

4

5

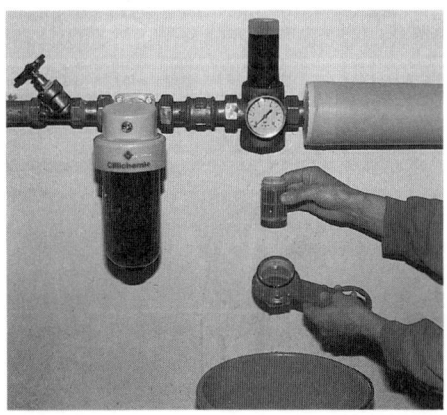

6

Grob- und Feinfilter in der Wasserzuleitung sollen Schmutzteilchen aus dem Versorgungsnetz zurückhalten. Grobe Schmutzteilchen können Sie durch das Schauglas erkennen und wissen dadurch, wann eine Reinigung fällig ist. Beim Feinfilter setzen sich die Teilchen an und in der Filterpatrone fest und müssen sich nicht unbedingt erkennbar am Boden ablagern. Eine jährliche Reinigung ist deshalb ratsam.

Stellen Sie sich zuerst einen Eimer Wasser bereit, um den Filtereinsatz auswaschen zu können. Denn wenn Sie den Filter abgeschraubt haben, ist das Wasser ja abgestellt.

Arbeitsanleitung

1. Schließen Sie die beiden Absperrventile vor und hinter dem Filter und stellen Sie einen Eimer unter.

2. Die Armatur besitzt eine Be- und Entlüftungsschraube. Drehen Sie diese mit dem Schraubenzieher in ein bis zwei Umdrehungen auf. Beim Abdrehen des Schauglases vergrößert sich nämlich das Volumen geringfügig, bis Luft durch das Gewinde nachströmen kann. Wenn nun beide Absperrventile dicht verschlossen sind und sich das Wasser nicht wie Gas zusammenpressen und ausdehnen läßt, könnte dies das Abschrauben erschweren. Beim späteren Aufdrehen des Wassers kann an dieser Schraube die Luft entweichen und gelangt nicht ins Rohrleitungsnetz.

3. Mit einem Spezialschlüssel wird das Schauglas am oberen Sitz gefaßt und abgedreht. Wenn Sie dazu eine Rohrzange benutzen, kann das Glas zerspringen!

4. Den Filtereinsatz ziehen Sie mit leichten Drehbewegungen von seinem oberen Sitz ab. Bei anderen Modellen ist die Patrone vielleicht verschraubt und als Austauschpatrone ausgebildet.

5. Hier besteht der Filtereinsatz aus einer Hülse, die mit feinmaschigem Gewebe überzogen ist. Mit einer Bürste können Sie diese in dem bereitgestellten Eimer Wasser reinigen. Der Schmutz sitzt nur außen! Waschen Sie noch das Schauglas aus. Dann stecken Sie die Patrone auf und verschrauben das Glas.

6. Gegebenenfalls müssen Sie noch den Grobfilter am Druckminderer säubern.

Wasch- oder Spülmaschinen anschließen

Material
Geräteanschlußhahn, Ablaufrohr mit Neben-anschluß, Hanf, Dichtungspaste.

Werkzeug

Schwierigkeitsgrad

0	1	2	3

Kraftaufwand

0	1	2	3

Arbeitszeit
Für den Anschluß Ihrer Wasch- oder Spülmaschine brauchen Sie etwa 1 Stunde.

Ersparnis
Durch Eigenleistung können Sie 120 DM sparen.

1

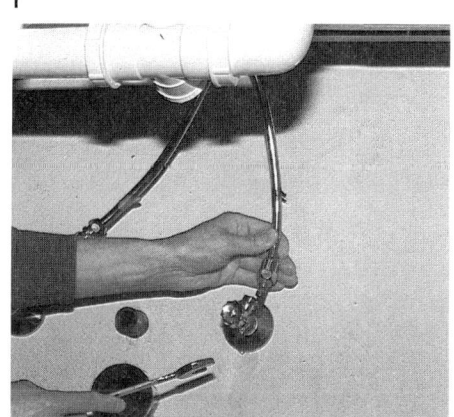

2

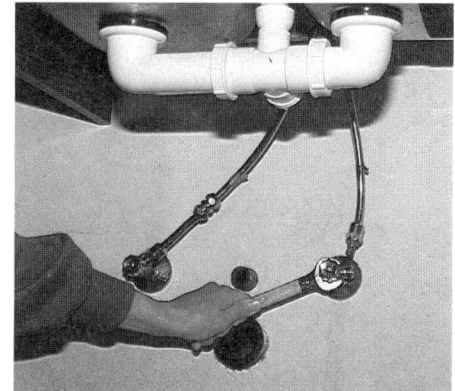

3

105

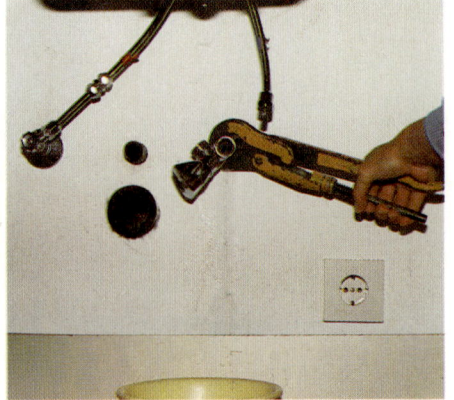

4

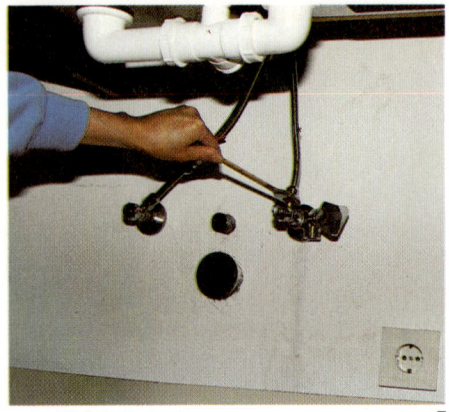

5

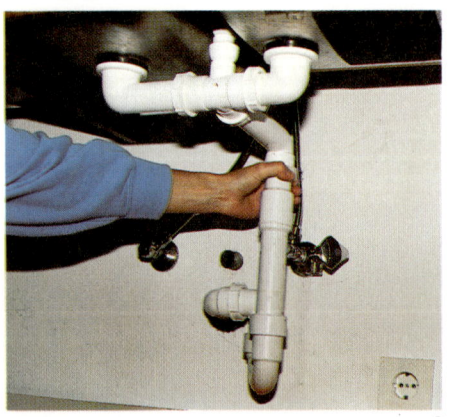

6

Wenn Sie eine Wasch- oder Spülmaschine in der Nähe Ihres Spülbeckens anschließen wollen, benötigen Sie neben einer Steckdose auch einen Wasser- und Abwasseranschluß. Ist dieser nicht vorhanden, kann ein Wasser-Geräteanschluß und eine Ablaufmöglichkeit leicht geschaffen werden.

1. Es gibt Geräte-Anschlußventile, die zwischen Wandanschluß und Eckventil geschraubt werden. Sie sind mit einem Rückflußverhinderer ausgestattet und haben meist noch einen Rohrbelüfter für Schlauchanschlüsse als Vorsatz. Vorgeschraubte Wasser-Stop-Einrichtungen unterbrechen den Wasserzufluß nur, wenn der Schlauch platzt oder von der Schlauchtülle springt. Das heißt, der Abstellmechanismus wird nur ausgelöst, wenn ein plötzlicher Druckabfall im Schlauch erfolgt. Einige Hersteller bieten aber auch Einrichtungen in Kombination mit doppelwandigen Geräteschläuchen an, die bereits schon bei undichten Stellen im Druckschlauch abschalten.

Wenn Sie ein Geräte-Anschlußventil kaufen, müssen Sie darauf achten, ob der Wandanschluß und damit auch das Eckventil ein Gewinde R 1/2 oder 3/4 besitzen. Dementsprechend muß der Geräteanschluß ausgewählt werden.

Arbeitsanleitung

Zuerst müssen Sie das Wasser am Hauptabsperrventil abdrehen.

Dann drehen Sie den Wasserhahn auf, der an dem betroffenen Eckventil angeschlossen ist.

2. Die Überwurfmutter der Quetschverbindung wird gelöst und das Kupferrohr mit dem Dichtungspack herausgezogen.

3. Jetzt können Sie mit einem Schraubenschlüssel oder einer Wasserpumpenzange das Eckventil herausdrehen. Halten Sie einen Lappen und Eimer bereit, um eventuell noch auslaufendes Wasser aufzufangen.

4. Das Außengewinde des Geräte-Anschlußventils wird eingehanft und in den Wandanschluß gedreht. Näheres erfahren Sie im Grundkurs »Gewindeverbindungen abdichten«, Seite 61.

5. Danach hanfen Sie das Gewinde des Eckventils

neu ein und drehen es in die dafür vorgesehene Öffnung des Geräteanschlusses. Bei der Verwendung von Hanf und Installationskitt können Sie die Stellung der beiden ineinanderverschraubten Ventile nachträglich noch korrigieren.

Setzen Sie jetzt das Kupferrohr der Spülbeckenarmatur wieder ein. Dabei können Sie das Rohr nachbiegen und gegebenenfalls die Stellung des Eckventils noch verändern. Schrauben Sie dann die Überwurfmutter mit den Dichtungen fest. Nun drehen Sie das Wasser am Absperrventil wieder an. Überprüfen Sie die Montagestelle, ob sie auch wirklich dicht ist.

Sie benötigen nun noch einen Anschluß an die Abwasserleitung. Wenn an Ihrem Spülbeckenablauf noch keiner dieser Art vorgesehen ist, muß das Abwasserrohr zwischen Spülbeckenverschraubung und Geruchverschluß gegen ein solches mit Geräte-Abwasseranschluß ausgewechselt werden. Im Fachhandel werden komplette Abwassersets mit Anschlußmöglichkeit für Wasch- oder Spülmaschinen angeboten. Sie bekommen aber auch das entsprechende Stück Rohr einzeln, egal ob es sich um eine Ausführung in Plastik oder Metall handelt.

6. Lösen Sie dazu die Verschraubung am Becken und am Geruchverschluß. Meist müssen noch weitere Verschraubungen gelockert werden, um das Rohr aus seiner Lage herausdrehen und -ziehen zu können.

7. Das neue Abwasserrohr mit dem Maschinen-Abwasseranschluß muß nun nach dem Muster des ausgebauten Rohrs auf die erforderliche Länge abgesägt werden (vgl. Arbeitsanleitung »Verstopfte Geruchverschlüsse reinigen«, S. 111).

Das neue Rohr wird in umgekehrter Reihenfolge eingebaut, wobei Sie darauf achten müssen, daß die verwendeten Dichtungsringe noch einwandfrei sind. Gegebenenfalls müssen sie durch neue ersetzt werden.

8. Richten Sie nun den abgewinkelten Aufnahmestutzen für den Abwasserschlauch der anzuschließenden Maschine so aus, daß die Öffnung nach oben zeigt.

9. Jetzt stecken Sie den Schlauch auf und fixieren ihn mit einer Schlauchschelle.

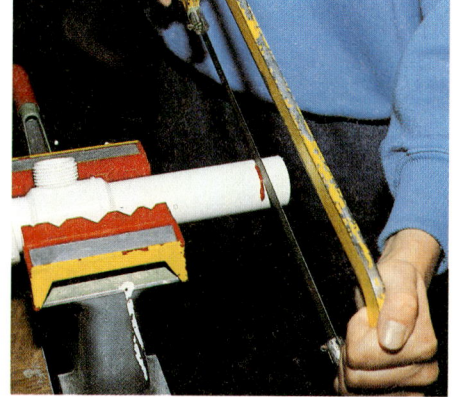
7

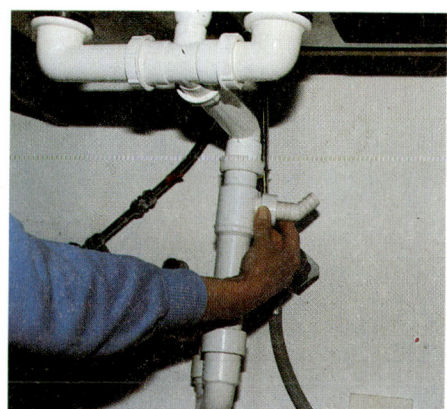
8

9

Arbeitsanleitungen

1

2

3

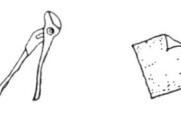

4

Waschbeckenablauf montieren

Material
Neuer Ablauf, Installationskitt.

Werkzeug

Schwierigkeitsgrad

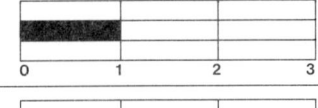

| 0 | 1 | 2 | 3 |

Kraftaufwand

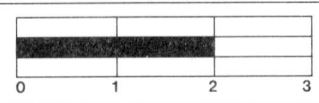

| 0 | 1 | 2 | 3 |

Arbeitszeit
Planen Sie für diese Montagearbeit etwa $1/_2$ Stunde ein.

Ersparnis
Sie können ungefähr 90 DM sparen.

1. Der Waschbeckenablauf muß einmal das Wasser aus dem Waschbecken direkt aufnehmen, zum anderen – bei eingesetztem Stöpsel – das Wasser, das durch den Überlauf abfließt. Dafür sind die seitlichen Öffnungen in dem Einsatz. Die Führung des Überlaufs ist im Waschbecken integriert. Der Einsatz für den Wasserablauf muß einerseits im Waschbecken unter dem Bördelrand abgedichtet werden, damit kein Wasser nebenher ablaufen kann. Andererseits muß er auch unter dem Waschbecken abgedichtet werden, damit nichts aus dem Überlauf austreten kann.

Arbeitsanleitung

2. Um die möglichen Unebenheiten am Waschbeckensitz auszugleichen, wird für die obere Abdichtung Installationskitt verwendet. Rollen Sie aus der Masse eine etwa 15 cm lange und eine knapp 1 cm dicke »Wurst«. Diese legen Sie um die Bördelung des Einsatzes so, daß die beiden Enden gut miteinander verbunden werden können.

3. Nun drücken Sie den Einsatz in das Loch des Waschbeckens. Die seitlich herausquellende Dichtungsmasse kann nach Abschluß der Montage leicht mit dem Finger abgestreift werden.

4. Schieben Sie zuerst von unten eine Plastik- oder eine keilförmige Gummidichtung (spitze Seite nach oben) mit einem zusätzlichen metallenen Gleitring über das herausstehende Gewinde.

Nun schrauben Sie die Mutter auf und ziehen sie mit einer Wasserpumpenzange an. Das noch herausstehende Gewinde ist für den Anschluß des Geruchverschlusses vorgesehen.

5. Bei Abläufen mit Exzenterstopfen wird an Stelle der Mutter das Unterteil des Ventils aufgeschraubt. Hierbei ist darauf zu achten, daß der Stutzen für die Aufnahme des Gestänges genau nach hinten zeigt. Ist dies nicht möglich, lösen Sie nochmals die Verschraubung, heben den Einsatz an und drücken die verstrichene Dichtungsmasse mit den Fingern wieder unter die Bördelung. Danach verdrehen Sie den Einsatz so weit, daß beim erneuten Festschrauben des Ventilunterteils die gewünschte Stellung erreicht wird.

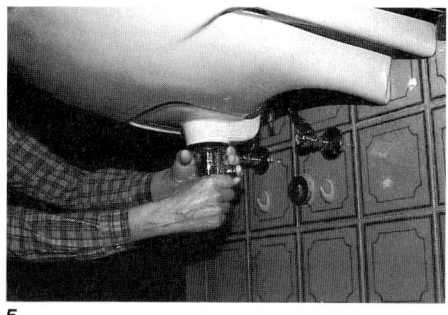

5

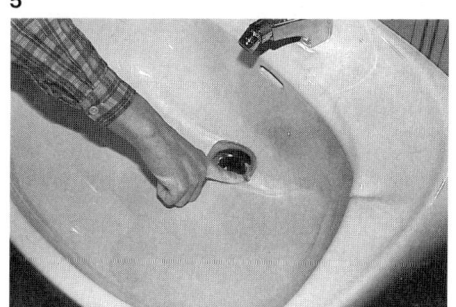

6

7

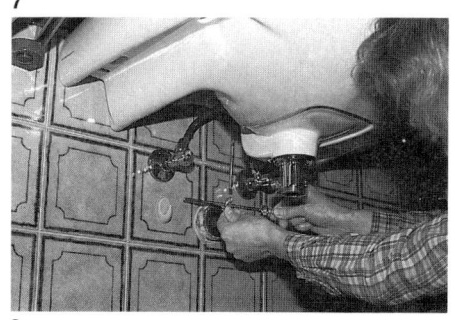

8

Arbeitsanleitungen

9

10

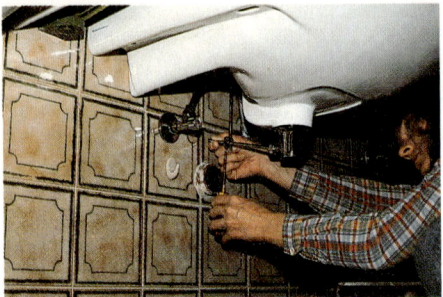

11

12

6. Die herausgedrückte Dichtungsmasse um den Beckenablauf können Sie nun mit dem Finger leicht abstreifen.

7. Bei einem Ablauf mit Exzenterstopfen führen Sie nun von oben die Hebestange in die Öffnung an der Rückseite der Mischbatterie ein.

8. Schieben Sie von unten das Gelenk mit den Feststellschrauben auf. Dann setzen Sie in die zweite Bohrung des Gelenks die Hebelstange ein, nachdem Sie vorher die Überwurfmutter mit Scheibe oder Andruckfeder aufgeschoben haben.

9. Das freie Ende der Hebelstange stecken Sie in das seitliche Loch des unteren Auslaufteils und ziehen die Überwurfmutter kräftig an. Die Kugel auf der Hebelstange ist Gelenk und Dichtung zugleich. Sie muß fest in der Pfanne sitzen. Wenn Sie vor dem Anschrauben die Kugel etwas mit Armaturenfett bestreichen, bleibt das Gelenk leichtgängig und dichtet auch sicher ab.

10. Setzen Sie nun von oben den Exzenterstopfen ein und drücken den Gestängeknopf ganz nach unten. Dies ist die Stellung für einen angehobenen Stopfen bzw. geöffneten Ablauf.

11. Verschieben Sie nun das Gelenk unten auf der Stange so weit nach oben oder unten, daß der Stopfen die gewünschte Öffnung im Ablauf freigibt. Dann ziehen Sie beide Feststellschrauben mit einem Schraubenzieher oder einem -schlüssel fest.

12. Die Feineinstellung kann am Exzenterstopfen selbst vorgenommen werden. Dazu lösen Sie die Kontermutter auf der Einstellschraube und drehen die Schraube so weit herein oder heraus, bis die richtige Einstellung durch Ausprobieren gefunden wurde. Danach drehen Sie die Kontermutter wieder fest.

Auch größere Höhenunterschiede können mit dieser Einstellschraube ausgeglichen werden.

Kürzen Sie dann das Gestänge mit der Eisensäge auf das erforderliche Maß und stellen nach erneuter Befestigung des unteren Gelenks die Höhe des Exzenterstopfens an der Stellschraube nach. Um Verletzungsgefahren zu vermeiden, runden Sie die scharfen Schnittstellen am Gestänge mit einer Feile ab.

Verstopfte Geruchverschlüsse reinigen

Material
Dichtungen.

Werkzeug

Schwierigkeitsgrad

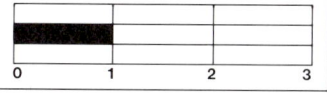

| 0 | 1 | 2 | 3 |

Kraftaufwand

| 0 | 1 | 2 | 3 |

Arbeitszeit
Je nach Arbeitsaufwand sollten Sie zwischen $1/4$ bis $1/2$ Stunde einplanen.

Ersparnis
Sie können sich dadurch bis zu 90 DM sparen.

1

2

Arbeitsanleitungen

Geruchverschluß abschrauben

3

4

5

Es werden chemische Mittel zur Beseitigung von Verstopfungen angeboten: Einfach hineingießen, und der Abfluß ist wieder frei! Diese Form ist allerdings nicht besonders umweltfreundlich und kann das Material angreifen. Auch gibt es Treibgasdosen, die die Verstopfung einfach durchblasen sollen. Das funktioniert auch nicht immer. Besonders bei leicht zugänglichen Waschbeckenabläufen ist es immer noch das beste, die Verstopfung manuell zu beseitigen.

Arbeitsanleitung

1. Haben Sie am Waschbeckenablauf einen Exzenterstopfen, also einen metallenen Verschluß, der mit einem Griff an der Armatur gehoben und geschlossen wird, so ist Ihr erster Schritt, diesen herauszunehmen. An den Führungslamellen und an der Exzenterstange im Ablaufrohr setzen sich nun einmal sehr schnell Haare usw. fest. Benutzen Sie eine lange Pinzette, um die Exzenterstange von Schmutz zu befreien.

2. Ein Flaschensiphon verstopft sehr leicht, wenn sich dort sperrige Teile verkanten. Ebenso leicht ist er aber auch zu reinigen. Stellen Sie einen Eimer unter und drehen die Tasse mit der Hand ab. Mit einem Fensterleder können Sie die Griffigkeit beim Lösen verstärken. Im Extremfall können Sie einen sogenannten »Bandschlüssel« verwenden, wie er auch zum Lösen von Filterpatronen beim Auto benutzt wird. Entfernen Sie die Schmutzteile aus dem Tauchrohr und der Tasse. Vor dem Zusammenschrauben kontrollieren Sie noch die Dichtung und wischen diese sauber ab. Streichen Sie etwas säurefreies Fett auf Gewinde und Dichtung auf, das erleichtert das Zusammenschrauben, vor allem aber auch das Lösen beim nächsten Mal.

3. Beim Röhrensiphon müssen Sie die beiden Verschraubungen des U-Stücks lösen, wiederum mit der Hand. Nur wenn es gar nicht anders geht, benutzen Sie dazu eine Pumpenzange mit untergelegtem Lappen oder Leder. Das U-Stück wird nach unten herausgezogen und gereinigt. Vor dem Zusammenbau sollen die keilförmigen Dichtungsringe und die darüberliegenden Gleitringe sorgfältig gereinigt werden. Beschädigte Ringe werden gegen neue ersetzt. Auch hier wird vor dem Zusammenbau an der Verschraubung und den Dichtungen etwas Fett aufgebracht.

4. Sollten Sie bis zu dieser Stelle noch keine verstopfte Stelle gefunden haben, gibt es einen weiteren Punkt, der sehr reparaturanfällig ist. Wenn bei der Montage das Rohr zu weit in den Wandanschluß geschoben wurde, entsteht an dem Winkel, der sich in der Wand befindet, ein Engpaß. Das Rohr ist nur in eine Gummimuffe gesteckt. Sie wird von der Wandrosette verdeckt. Mit einer leichten Drehung können Sie das Rohr lockern und herausziehen.

5. Bei Flaschensiphons müssen Sie vorher noch die Verschraubung am Anschlußstück des Waschbeckens lösen. Dann können Sie das Wandanschlußrohr zusammen mit dem Tassenoberteil herausziehen. Versuchen Sie, alle groben Schmutzteile auch aus dem Stutzen in der Wand herauszubekommen; stoßen Sie sie nicht weiter in das Rohr, sonst könnte eine neue Verstopfung irgendwo in der Wand entstehen.

6. War die Hauptursache für den Engpaß ein zu weit eingestecktes Rohr, sollten Sie dieses entsprechend kürzen. Meist sehen Sie noch an den Rändern auf dem Rohr, wo das Ende der Gummimuffe gesessen hat. Es ist ausreichend, wenn das Rohr knapp 1 cm über das Ende der Dichtung hinausragt. Schneiden Sie das Rohr mit einer Eisensäge passend zu. Für Plastikrohre können Sie auch eine Feinsäge benutzen.

7. Danach müssen alle scharfen Stellen (Grate) am Schnitt mit einer Feile (flach-rund) entfernt werden. Bei Plastikrohren wird außen zusätzlich noch eine Fase angeschliffen. Dies erleichtert das Einschieben in die Wanddichtung.

8. Die Gummimuffe wird gründlich mit einem feuchten Lappen gereinigt und mit einem Gleitmittel eingeschmiert (säurefreies Fett). Danach stecken Sie das Rohr mit leichten Drehbewegungen wieder in die Gummimuffe, richten es aus und schieben die Rosette bündig an die Wand.

Alle Teile werden, wie oben beschrieben, wieder fest verschraubt.

6

7

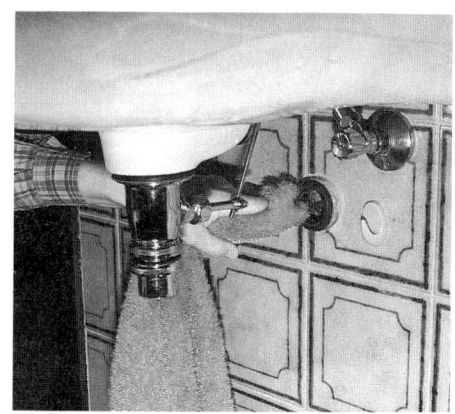
8

Arbeitsanleitungen

1

2

3

Siphon unter Badewannen und Duschen öffnen

Material
Dichtungen.

Werkzeug

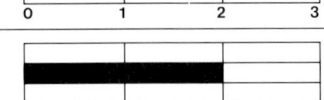
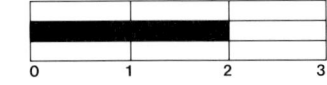

Schwierigkeitsgrad

0　　　　1　　　　2　　　　3

Kraftaufwand

0　　　　1　　　　2　　　　3

Arbeitszeit

Rechnen Sie mit etwa $^1/_2$ Stunde Arbeitszeit.

Ersparnis

Durch Eigenleistung sparen Sie ungefähr 90 DM.

Auch Badewannen und Duschbecken haben nach dem Auslauf einen Geruchverschluß. Sie sind kompakter gebaut als die bei Waschbecken. Vor allem aber sind sie nicht so leicht zugänglich.

Arbeitsanleitung

1. Badewannen und Duschbecken sind eingemauert und verfliest. Im Bereich der Abwasseranschlüsse ist jedoch eine Revisionsklappe eingebaut. Das ist ein verchromter Blechrahmen, in den zwei bzw. vier Fliesen eingesetzt sind.

2. Diesen Rahmen können Sie mit Hilfe eines spitzen Gegenstands abheben.

3. Der Rahmen selbst ist mit einer Feder gehalten. Wenn Sie diese Feder aushängen, können Sie den Rahmen abnehmen.

4. Alle Teile sind nun zugänglich: der Überlauf, der Ablauf, der Geruchverschluß und der weitere Anschluß zur Abwasserleitung, wenn auch meist nur mühsam. Irgendwo werden Sie auch ein Kabel entdecken, das an Wanne oder Duschbecken angeschraubt ist. Das Erdungskabel sorgt dafür, daß bei Kontakt mit elektrischem Strom die Sicherung herausspringt.

5. Verstopfte Siphons bei Badewannen sind wegen der großen Wassermenge, die nach jedem Bad durchgespült wird, sehr selten. Sollte das doch einmal der Fall sein, bleibt Ihnen nichts anderes übrig, als durch diese Öffnung den Verschluß zu zerlegen. Dies funktioniert im Prinzip wie bei den Abläufen an Waschbecken (vgl. S. 111). Nur können Sie hier unbesorgt mit der Wasserpumpenzange arbeiten.

6. Nachdem Sie alle Teile wieder zusammengeschraubt haben, lassen Sie erst einmal reichlich Wasser durchlaufen. Dabei kontrollieren Sie, ob alle Anschlüsse auch wieder vollständig dicht sind. Diese Prüfung nehmen Sie am besten mit Toilettenpapier vor. Damit können Sie um die einzelnen Verschraubungen oder Steckverbindungen fahren und auch den geringsten Wasseraustritt leicht feststellen. Erst wenn Sie sicher sind, daß alles in Ordnung ist, hängen Sie die Revisionsklappe wieder an der Feder ein und schließen die Öffnung.

4

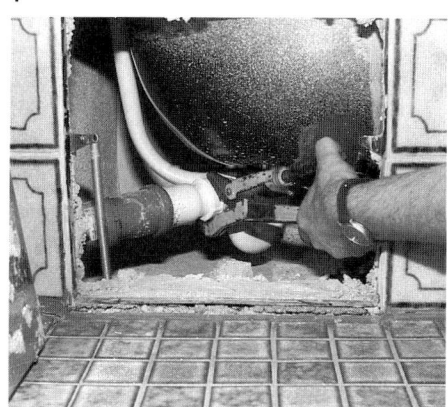

5

6

Arbeitsanleitungen

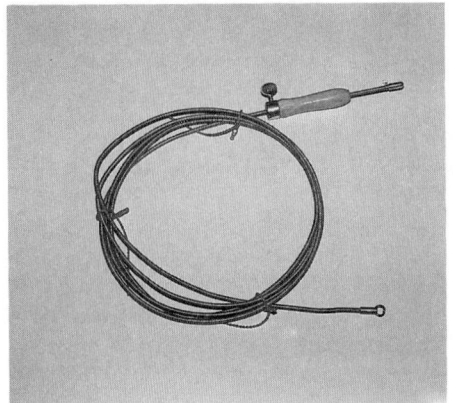

1

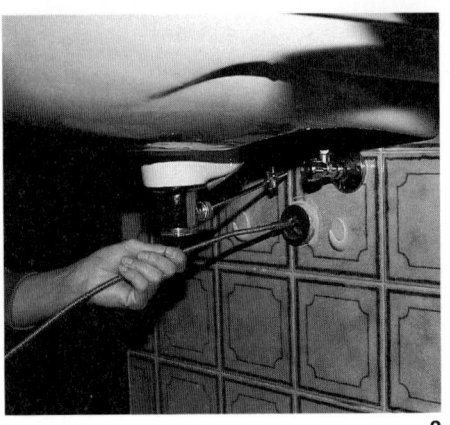

2

3

Verstopfte Rohre mit der Reinigungswelle säubern

Material
Hierfür benötigen Sie kein zusätzliches Material.

Werkzeug

Schwierigkeitsgrad

0	1	2	3

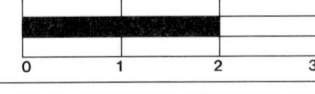

Kraftaufwand

0	1	2	3

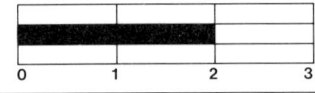

Arbeitszeit
Je nach Aufwand müssen Sie mit 1/2 bis 1 Stunde rechnen.

Ersparnis
Immerhin können Sie bis zu 120 DM einsparen.

Wenn Stellen in den Abwasserleitungen verstopft sind, die sich nicht im Bereich der leicht zugänglichen Geruch- oder Wandanschlüsse befinden, sondern irgendwo in den Rohren in der Wand, benötigen Sie zur Behebung eine sogenannte Reinigungswelle oder Spirale. Dieses Gerät gibt es in verschiedenen Längen und in unterschiedlich starken Ausführungen für Spül-, Klosett- und Kanalleitungen.

1. Reinigungswellen haben am Ende einen Stößel, auf den eine Kralle (Spirale) aufgeschraubt werden kann. Am anderen Ende besitzt dieses Gerät einen Drehgriff. Dieser sollte auf der Welle selbst verschiebbar sein, damit an der Einführöffnung gedreht werden kann.

Arbeitsanleitung

2. Nachdem Sie den Geruchverschluß und Wandanschluß entfernt haben, führen Sie die Welle in die Öffnung ein. Bei Krümmungen im Rohrleitungsnetz ergibt sich zwangsläufig ein Widerstand.

3. Indem Sie die Welle drehen, kann der Widerstand überwunden werden. Auf diese Art schieben Sie die Welle so weit wie möglich in die Abwasserleitung. Wenn Sie vom Wandanschluß des Waschbeckens aus hantieren, ist es zweckmäßig, erst einmal nur mit dem Stößel zu arbeiten. Der Rohrdurchmesser wird ja immer größer, so daß die verstopfte Stelle entweder durchgeputzt oder auch weitergeschoben und damit weggeschwemmt wird.

4. Einen weiteren Zugang zu den Abwasserleitungen haben Sie im Keller über die Revisionsöffnungen. Lösen Sie dazu die Verschraubung an dem Verschlußdeckel und nehmen diesen ab.

5. Diesmal befestigen Sie die Kralle auf dem Stößel und schieben die Welle mit Drehbewegungen in die Richtung der verstopften Stelle.

6. Wenn Sie bei diesem Vorgang auf größeren Widerstand stoßen, bringen Sie den verstellbaren Drehgriff nah an die Öffnung. Versuchen Sie jetzt mit Drehbewegungen im Uhrzeigersinn an die verstopfte Stelle heranzukommen und den Schmutz mit der Kralle zu fassen und zu durchbohren. Danach ziehen Sie die Welle wieder zurück.

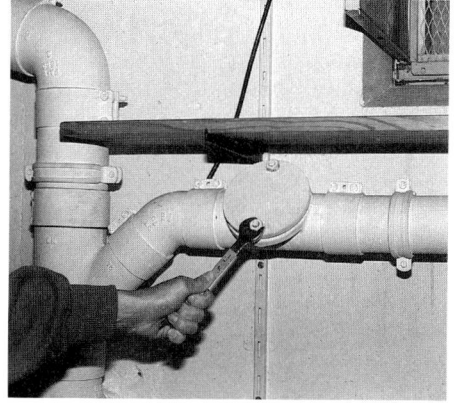

4

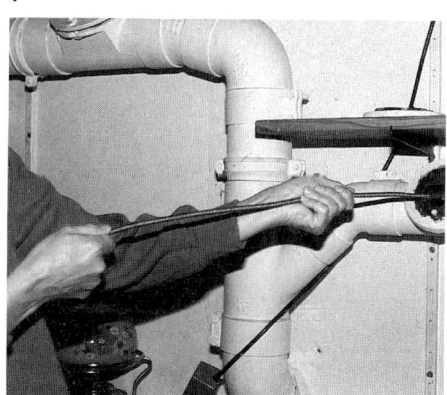

5

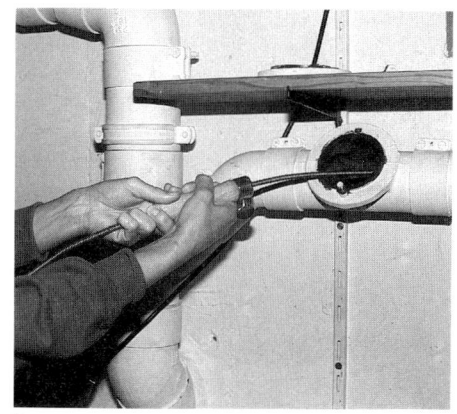

6

Arbeitsanleitungen

1

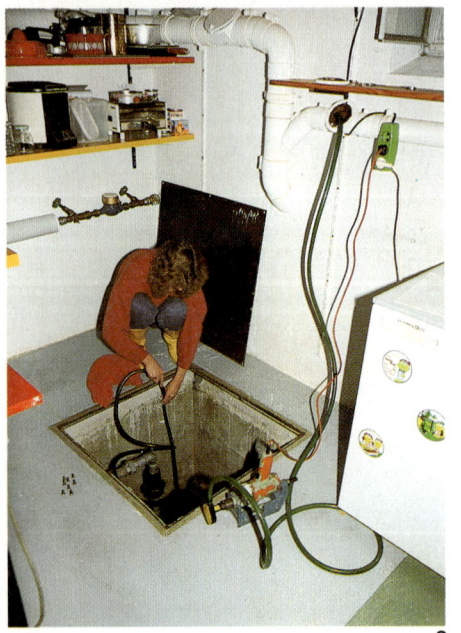

2

Abwasserhebeanlage warten und reinigen

Material
Eventuell neue Pumpe.

Werkzeug

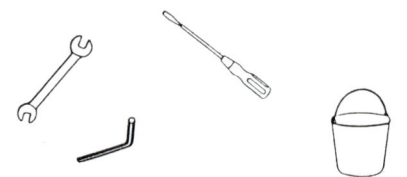

Schwierigkeitsgrad

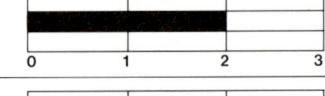

0   1   2   3

Kraftaufwand

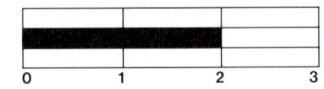

0   1   2   3

Arbeitszeit
Für diese Arbeit sollten Sie sich schon 1 $1/2$ Stunden Zeit nehmen.

Ersparnis
Ohne fremde Hilfe können Sie bis zu 150 DM sparen.

Wenn der Kanalanschluß für Ihr Haus höher liegt als der Kellerboden, muß das im Keller anfallende Abwasser von Waschmaschine, -becken, Gully usw. hochgepumpt werden.

In einem Sammelbecken von etwa 80 × 80 cm Größe und einer Tiefe von ungefähr 100 cm befindet sich eine elektrische Tauchpumpe, die immer dann, wenn das Wasser eine bestimmte Höhe erreicht hat, dieses hoch in den Kanalanschluß pumpt. Die Pumpe sollte regelmäßig gereinigt werden, da sich Fäden und Haare im Turbinenrad verfangen können.

Arbeitsanleitung

1. Schrauben Sie dazu den Deckel auf. Vorher sollten Sie noch den Stecker für die Pumpe abziehen. Dieser befindet sich außerhalb des Schachts an der Wand. Das Kabel wird durch ein Rohr dort hingeführt. Somit ist der Anschluß auch dann vor Kurzschluß sicher, wenn einmal die Pumpe ausfällt.

2. Heben Sie den Deckel ab. Wenn ein Defekt vorliegt, ist der Schacht völlig unter Wasser, hoffentlich nicht sogar der ganze Keller! Das Wasser muß nun erst abgepumpt werden. Hierzu eignet sich eine Bohrmaschine mit vorgesetzter Pumpe. Mit Ihrem Gartenschlauch befördern Sie dann das Wasser in einen höhergelegenen Abfluß, der nicht im Sammelbecken endet. Auch können Sie den Schlauch in eine Revisionsöffnung der Abwasserleitung stecken, vorausgesetzt natürlich, das Rohr mündet direkt in den Kanal.

3. Ist die Pumpe voll funktionsfähig, können Sie durch Anheben des Schwimmers das Wasser so lange absaugen, bis die Pumpe Luft ansaugt. (Dazu Stecker wieder einstecken!) Den restlichen Bodensatz, in der Hauptsache Schlamm durch Waschmittelrückstände, müssen Sie nicht unbedingt herausschöpfen. Wenn keine größeren Teile oder Fäden darin herumschwimmen, muß die Pumpe damit fertig werden.

4. Zum Reinigen der Pumpe lösen Sie am besten die Schrauben am Gehäuse für die Rücklaufklappe. Dann können Sie in einem Arbeitsgang auch diese reinigen. Dazu brauchen Sie keine großen Verschraubungen mit entsprechend großen Werkzeugen zu lösen.

3

4

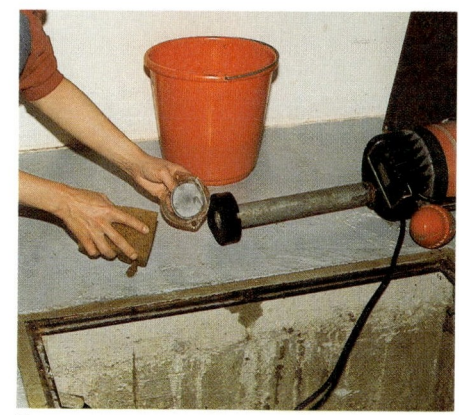

5

Arbeitsanleitungen

6

7

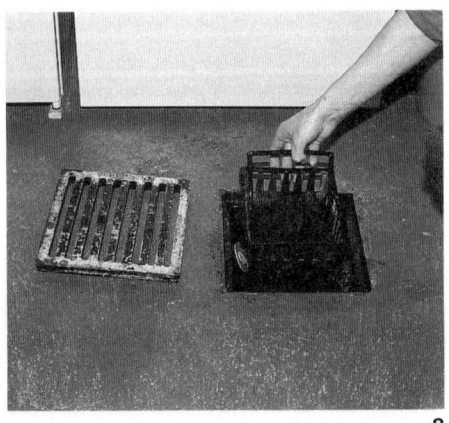

8

5. Die Rückschlagklappe verhindert, daß das Wasser, welches sich beim Abschalten der Pumpe noch in den Rohren befindet, wieder zurückläuft. Außerdem soll sie verhindern, daß am Einlauf in die normale Abwasserleitung anderweitiges Abwasser in den Schacht zurückfließen kann. Bei ordnungsgemäßer Installation darf dies jedoch nicht möglich sein, und es kann auch einen gewissen Vorteil haben, wenn keine Rücklaufklappe vorhanden ist. Das beim Abschalten der Pumpe zurücklaufende Wasser schwemmt nämlich dann eventuell verhängte Fäden am Turbinenrad in die entgegengesetzte Richtung wieder aus.

6. Nach dem Herausnehmen der Pumpe lösen Sie die Schrauben am unteren Spannring.

Die Ansaugplatte kann nun abgenommen werden, und das Turbinenrad wird sichtbar. Eventuell verklemmte Schmutzteile können Sie mühelos entfernen.

7. An den Wasserrändern am Pumpengehäuse können Sie erkennen, wie hoch das Wasser steigen muß, bis die Pumpe anschaltet. Das Pumpengehäuse ist zwar absolut wasserdicht konstruiert, es schadet jedoch nichts, wenn der Wasserspiegel nicht bis zu den Elektrokabeleinmündungen steigt.

Für eine entsprechende Korrektur der Einstellung können Sie die Halterung für das Schwimmerkabel auf der Führungsstange verschieben. Auch kann eine Korrektur durch Verlängern oder Verkürzen des freien Endes des Schwimmerkabels bewirkt werden. Der Zusammenbau erfolgt in umgekehrter Reihenfolge. Nach Veränderung der Einstellung ist es unbedingt erforderlich, daß Sie einen Probelauf vornehmen, bevor Sie den Deckel wieder schließen. Die Pumpe darf bis zum Abschaltpunkt keine Luft ansaugen.

8. Wenn sich im Turbinenrad verfangene Fäden und Schmutzteile befinden, ist die Ursache meist im Bodenablauf (Gully) zu suchen. Er hat sehr große Öffnungen; auch durch seine Lage am Boden kann er sehr viel Schmutz aufnehmen. Reinigen Sie deshalb auch regelmäßig den Auffangkorb für den groben Schmutz. Sie können ihn nach Abnehmen des Einlaufrosts herausnehmen und entleeren.